Filosofias
da Matemática

FUNDAÇÃO EDITORA DA UNESP

Presidente do Conselho Curador
Herman Jacobus Cornelis Voorwald

Diretor-Presidente
José Castilho Marques Neto

Editor-Executivo
Jézio Hernani Bomfim Gutierre

Conselho Editorial Acadêmico
Alberto Tsuyoshi Ikeda
Célia Aparecida Ferreira Tolentino
Eda Maria Góes
Elisabeth Criscuolo Urbinati
Ildeberto Muniz de Almeida
Luiz Gonzaga Marchezan
Nilson Ghirardello
Paulo César Corrêa Borges
Sérgio Vicente Motta
Vicente Pleitez

Editores-Assistentes
Anderson Nobara
Henrique Zanardi
Jorge Pereira Filho

JAIRO JOSÉ DA SILVA

Filosofias
da matemática

2ª reimpressão

© 2007 Editora UNESP

Direitos de publicação reservados à:
Fundação Editora da UNESP (FEU)
Praça da Sé, 108
01001-900 – São Paulo – SP
Tel.: (0xx11) 3242-7171
Fax: (0xx11) 3242-7172
www.editoraunesp.com.br
www.livrariaunesp.com.br
feu@editora.unesp.br

CIP – Brasil. Catalogação na fonte
Sindicato Nacional dos Editores de Livros, RJ

S58f

Silva, Jairo José da
  Filosofias da matemática/Jairo José da Silva. – São Paulo: Editora UNESP, 2007.

  Inclui bibliografia
  ISBN 978-85-7139-751-4

  1. Matemática - Filosofia. I. Título.

07-0765.   CDD: 510.1
                                                            CDU: 510.2

Este livro é publicado pelo projeto Edição de Textos de Docentes e Pós-Graduados da UNESP – Pró-Reitoria de Pós-Graduação da UNESP (PROPG) / Fundação Editora da UNESP (FEU)

Editora afiliada:

Asociación de Editoriales Universitarias
de América Latina y el Caribe

Associação Brasileira de
Editoras Universitárias

*Para J. W.
Com amor*

Agradecimentos

Quero agradecer ao CLE da Unicamp, em cujo âmbito esse livro foi concebido e em cujas dependências os cursos que o motivaram foram dados. Em particular à amiga Ítala D'Ottaviano, que criou as condições para que aqueles cursos e este livro existissem, convidando-me a fazer parte, como professor colaborador, do programa de pós-graduação em Filosofia daquela instituição. Seu entusiasmo foi, mais uma vez, uma potente força motriz.

A filosofia da matemática brasileira encontra abrigo, em especial, nos Encontros Brasileiros de Lógica, a cargo da Sociedade Brasileira de Lógica, que sempre tiveram seções dedicadas a questões filosóficas; aos Colóquios Conesul de Filosofia das Ciências Formais, realizados na Universidade Federal de Santa Maria (RS) anualmente há dez anos, com a organização segura de Abel Lassalle Casanave; e, claro, ao Centro de Lógica, Epistemologia e História da Ciência (CLE) da Unicamp, um centro de excelência e referência para atividades filosóficas dessa natureza. Evidentemente há outros locais onde se cultiva a filosofia da matemática, mas os nomeados são aqueles onde eu transito mais assiduamente. Aos colegas e amigos – muitos para serem individualmente listados – que nessas e outras instituições e encontros mantêm vivos o estudo e a pesquisa nessa área, meus mais sinceros agradecimentos.

Agradeço também à Fapesp pelo auxílio à publicação concedido e ao CNPq pela bolsa de produtividade em pesquisa vigente por todo o período de escrita deste livro.

Sumário

Apresentação 11
Prólogo 13
Introdução 25

1 Platão e Aristóteles 31
2 Leibniz e Kant 77
3 Frege e o Logicismo 123
4 O Construtivismo 143
5 O Formalismo 183

Epílogo 221
Bibliografia 237

APRESENTAÇÃO

Questões sobre a natureza dos objetos da matemática e o caráter do conhecimento matemático têm uma longa história no decorrer da filosofia ocidental. Entre os filósofos que mais influenciaram essas discussões estão Platão, Aristóteles, Leibniz e Kant. Mas foi somente no século 19, com a formulação do programa logicista de fundamentação da matemática por Frege, Dedekind e Peano, que a filosofia da matemática chegou à maturidade. As dificuldades que surgiram no início do século 20, com a descoberta dos paradoxos da lógica e da teoria de conjuntos, afetando diretamente o projeto logicista, levaram um grupo notável de matemáticos e filósofos a propor diversos programas filosóficos de fundamentação da matemática. Surgem assim uma versão renovada de Logicismo, formulada principalmente por Russell, várias versões de Construtivismo formuladas por Poincaré, Brouwer, Weyl e outros, e uma importante versão do Formalismo formulada por Hilbert.

O presente livro, *Filosofias da matemática*, de Jairo José da Silva – professor com invejável formação tanto em matemática quanto em filosofia – é a primeira apresentação sistemática em português das posições tradicionais e atuais daquela problematização filosófica sobre a matemática. Baseado em um curso introdutório ministrado por Jairo na Unicamp, o livro vem preencher uma importante lacuna editorial e será uma referência indispensável tanto como texto para cursos de graduação e pós-graduação em filosofia da matemática como para leitores independentes, com alguma formação filosófica e matemática. É um grande prazer para mim apresentá-lo e também poder passar a utilizá-lo em meus cursos de filosofia da matemática.

Oswaldo Chateaubriand Filho

Prólogo

Desde os gregos antigos, que praticamente a inventaram, até hoje, a matemática dá origem a problemas que ela mesma não pode resolver. Eu não me refiro àqueles famosos, como a duplicação do cubo ou a quadratura do círculo por régua e compasso[1], a solução da equação do quinto grau por radicais[2] ou o último teorema de Fermat[3], que desafiaram a inteligência de matemáticos por séculos, mas que foram resolvidos (o último da lista) ou dissolvidos pela demonstração da impossibilidade de sua resolução (os outros), nem àqueles problemas que ainda, neste momento, estão à espera de solução, como

---

1   Quadrar um círculo significa construir, usando apenas uma régua para traçar retas e um compasso para traçar círculos, um quadrado cuja área seja igual à área do círculo dado. A restrição à régua e ao compasso equivale à exigência que a construção utilize apenas retas e círculos como elementos básicos.

2   Ou seja, por operações algébricas usuais, incluindo a radiciação, sobre os coeficientes da equação.

3   Pierre de Fermat (1601-1665) afirmou que a equação $x^n + y^n = z^n$, em que n é um número inteiro positivo, não admite raízes x, y e z inteiras (ou fracionárias) para n maior do que dois, mas não apresentou nenhuma demonstração desse fato. Esse teorema (conhecido como o último teorema de Fermat), apesar dos esforços hercúleos que gerações de matemáticos empregaram, só foi demonstrado por A. Wiles em 1995, mais de três séculos depois de enunciado.

a hipótese de Riemann[4]. Eu tenho em mente problemas de um tipo especial, que em geral surgem em momentos de crise do pensamento matemático, mas que podem aparecer a qualquer momento, desde que nos coloquemos a certa distância da matemática e a encaremos com algum estranhamento. As questões a que me refiro não são problemas *de* matemática, mas *sobre* a matemática.

Algumas têm caráter geral e surgem assim que contemplamos a matemática de uma perspectiva reflexiva. Por exemplo, a zoologia estuda animais, a astronomia, os corpos celestes; o que estuda a matemática? A resposta óbvia: a matemática trata de números, figuras, e outros objetos abstratos do gênero; mais que uma solução, é fonte de novos questionamentos, pois o que são, afinal, os números, as figuras e os outros objetos matemáticos; que realidade atribuir-lhes, são meras invenções nossas ou existem independentemente de nós e, em caso afirmativo, que lugar habitam, já que não são objetos espaço-temporais? Em geral, que tipo de objeto é um objeto abstrato da matemática?

Há também problemas com caráter mais local que aparecem no contexto de determinadas práticas e teorias matemáticas. Por exemplo, é correto usarmos, como os geômetras gregos da antiguidade, uma linguagem construtiva em matemática (por exemplo, *construa* um triângulo equilátero dado um dos seus lados, como pede o primeiro problema proposto nos *Elementos* de Euclides)? Platão, como veremos, achava que não (porque para ele os objetos matemáticos, triângulos, por exemplo, preexistem e são independentes de nossas atividades). Ou então, é lícito o uso, como método de demonstração matemática, do chamado *reductio ad absurdum*, em que a veracidade de uma asserção é demonstrada mostrando-se a falsidade de

---

4   Essa hipótese (enunciada em 1859) diz respeito aos zeros, ou raízes, de uma função com domínio no corpo dos números complexos (a chamada função zeta de Riemann), um importante instrumento da teoria analítica dos números (onde se estuda o domínio discreto dos números inteiros positivos com métodos desenvolvidos para o estudo de domínios contínuos, como o dos números reais ou complexos). A demonstração da conjectura de Riemann teria relevantes consequências para a teoria dos números primos e outros ramos da matemática pura e aplicada.

sua negação (extensamente usado, por exemplo, por Arquimedes, embutido em seu método de exaustão)? Aristóteles e, cerca de 24 séculos depois, Brouwer, como também veremos, achavam que não (Aristóteles porque demonstrações desse tipo não são causais, elas demonstram um fato, mas não dão a sua causa; nós sabemos que algo é verdadeiro, mas não sabemos por quê. Brouwer porque demonstrações por redução ao absurdo lançam mão de leis lógicas cuja validade incondicional ele não reconhecia).

Essas questões extrapolam os domínios da matemática, elas não podem ser objetos de teorias matemáticas. São questões de metodologia, ontologia, epistemologia, ou seja, questões *filosóficas* que só podem ser objeto de reflexão filosófica (e tanto a crítica de Platão ao "construtivismo" da linguagem matemática de seus contemporâneos quanto a recusa, por parte de Aristóteles e Brouwer, do método de *reductio ad absurdum* só podem ser compreendidas no interior de suas filosofias). A matemática é fonte constante de questionamentos que transbordam os seus limites e requerem um contexto propriamente filosófico para serem adequadamente tratados. A filosofia da matemática é o departamento do imenso edifício da filosofia que tem por competência acolhê-los.

Mas, se esperamos que problemas científicos sejam resolvidos de modo consensual, isso quase nunca acontece em filosofia. Não há problema filosófico que não tenha recebido muitas respostas entre si incompatíveis. Para piorar a situação, nem sempre todos os filósofos estão de acordo sobre os problemas que têm interesse filosófico, além de raramente aceitarem os mesmos métodos para abordar aqueles que compartilham. A causa dessa situação, em parte pelo menos, é que não há em filosofia um tribunal supremo de decisão, como o teste empírico no caso das ciências naturais – a não ser, claro, a coerência lógica. Várias teorias filosóficas em si consistentes – e boas –, mas entre si incompatíveis, podem coexistir. Por isso a filosofia não é uma ciência. Mas isso não quer dizer que ela não seja útil e mesmo imprescindível. A filosofia talvez não nos forneça *conhecimento*, se por isso entendemos a *crença verdadeira* e *justificada*, mas ela pode nos oferecer *compreensão*, se por isso entendemos a crença justificada, mas cuja veracidade não pode se avaliada. A compreensão *esclarece*, e por isso se justifica, na medida mesma em que ilumina mistérios que de outro modo permaneceriam imersos na escuridão – ainda que ela não abra o flanco a possíveis testes que possam desmenti-la. Penso que à filosofia não compete dar-nos teorias necessariamente verdadeiras, mas teorias interessantes que, apesar de imunes à verificação, podem, ainda assim, oferecer uma perspectiva de onde podemos encarar, com algum conforto, providos de conceitos e ideias adequados, uma imensidade de problemas teóricos e práticos com os quais nos deparamos. Enfim, uma boa teoria filosófica *se non è vera, è ben trovata*, como diz o ditado italiano.

Em muitos casos uma teoria filosófica pode também ser um programa de trabalho. Para ficarmos com um exemplo em filosofia da matemática: alguns filósofos ditos nominalistas acreditam que a referência a entidades matemáticas pode ser eliminada das teorias físicas, o que eliminaria concomitantemente, se essa tese fosse verdadeira, um forte argumento para a existência objetiva dessas entidades. Tenham eles razão ou não, o certo é que o esforço que empreendem para reescrever a ciência sem apelar para objetos matemáticos revela aspectos interessantes das teorias científicas. A filosofia formalista da matemática de Hilbert, para citarmos outro exemplo, foi também um programa que, apesar de impossível de ser levado a cabo como originalmente concebido (como veremos adiante), deslanchou um esforço de formalização de teorias matemáticas e físicas que, entre outros méritos, esclareceu importantes questões conceituais no interior da matemática e da ciência, além de abrir caminho para a moderna teoria da computação.

Creio que o teste crucial para uma teoria filosófica é o papel articulador e coordenador que desempenha no contexto global do conhecimento e das práticas humanas e o poder de esclarecimento dos conceitos e ideias que manipula. A metafísica de Schopenhauer, por exemplo, em que o teatro trágico do mundo é dirigido dos bastidores por uma Vontade cega, apesar de irremediavelmente imune ao teste da experiência, é uma teoria fascinante precisamente à medida que fornece uma perspectiva a partir da qual é possível entrelaçar domínios aparentemente tão díspares como a estética, a psicologia e a biologia, entre outros. A teoria de Frege sobre a natureza dos números, que como veremos foi tão falsificada como uma teoria pode ser, nos moldes em que foi proposta, mesmo assim esclarece de modo tão cogente a íntima relação entre lógica e aritmética que, apesar do seu fracasso, não falta quem a queira ressuscitar em forma corrigida e atualizada. Além disso, a filosofia de Frege gerou como subproduto a lógica matemática moderna, o que não é pouca coisa.

Por isso, como são muitas as respostas que os problemas que nos interessam neste livro produziram, ou seja, são múltiplas as filosofias da matemática, eu não vou me comprometer aqui com nenhuma perspectiva filosófica em particular, nem mesmo com aquela que mais me agrada. Procurarei antes transitar por diferentes filosofias, não como quem passeia por um museu, mas porque acredito que todas elas dão respostas interessantes aos problemas que abordam. Espero também que tal visão panorâmica, mas longe de exaustiva, possa oferecer ao leitor subsídios para a sua própria reflexão, caso ele esteja disposto a fazê-la.

A filosofia, além de interessante, é inevitável. Mesmo que alguns filósofos, como Wittgenstein, tenham querido relegá-la à condição subalterna de uma espécie de exorcismo para os enfeitiçamentos da linguagem (Wittgenstein acreditava que todo pretenso problema filosófico era apenas o resultado indesejável do uso incorreto da linguagem, a ser dissolvido, antes que resolvido, por cuidadosa análise linguística) e os positivistas lógicos tenham procurado infatigavelmente desterrar questões metafísicas para o limbo das perguntas sem sentido, o retorno do reprimido é irrefreável. Os problemas filosóficos simplesmente recusam-se a, graciosamente, se retirar de cena; o seu fascínio sobre nós é inextinguível. (A propósito, tanto Wittgenstein quanto os positivistas lógicos foram contestados, ainda no auge da influência de suas ideias, por pensadores que, como Karl Popper, insistiram na existência real de problemas filosóficos.)

A mim, parece óbvio que problemas filosóficos legítimos existem, em particular, problemas em filosofia da matemática. Já mencionamos alguns, mas como o modo mais fácil de convencer alguém da existência de uma espécie de coisa é apresentar-lhe coisas dessa espécie, eis mais alguns. Um matemático preocupado em axiomatizar um domínio matemático (por exemplo, o dos números), isto é, selecionar um conjunto de verdades não demonstradas a partir das quais seja possível derivar – em geral por meios puramente lógicos, mas não necessariamente – todas as verdades pertinentes a esse domínio, pode muito bem se perguntar quais seriam os critérios razoáveis para que uma verdade seja entronizada como um axioma, uma verdade básica. Pois bem, ele poderia colocar essa questão nos seguintes termos: o que é um axioma matemático (ou, o que é isso: um axioma matemático, se ele tiver lido muito Heidegger)? Eis aí um problema que aparece no contexto da atividade matemática, mas que não pode ser aí resolvido. Não há um teorema matemático que nos diga o que é um axioma matemático; nós precisaremos questionar a própria atividade matemática para obtermos uma resposta. Ou seja, esse é um problema de filosofia da matemática.

Eu não escolhi esse exemplo arbitrariamente. Há um sistema axiomático muito importante – a teoria axiomática dos conjuntos – e uma questão *matemática* relevante – afinal, quantos números reais existem? (números reais medem grandezas contínuas, como o tempo, as distâncias etc.) – que não pode ser respondida no interior desse sistema. Nós temos uma demonstração *matemática* (ou *metamatemática*, se quiserem) desse fato. Se desejarmos responder a essa questão nesse sistema teremos que estendê-lo pela adjunção de novos axiomas. Como fazê-lo? A questão filosófica parece então se impor: o que é, afinal, um axioma?

Nós poderíamos, trivialmente, juntar aos axiomas já existentes da teoria dos conjuntos a resposta à questão que mais nos agrada que seja compatível com o que já sabemos sobre os conjuntos, por exemplo: a quantidade de números reais é a menor quantidade infinita maior que a infinidade dos números inteiros positivos[5] (essa é a chamada

---

5 Não há um infinito apenas, mas uma multiplicidade de infinitos maior que qualquer quantidade infinita. Há uma totalidade *absolutamente* infinita – portanto, maior que qualquer infinito matematicamente mensurável – de infinitos matematicamente mensuráveis.

hipótese do contínuo[6]). Qual é o problema com essa "solução"? Obviamente, o problema é que ela é completamente arbitrária. Se um axioma não pode ser escolhido arbitrariamente, então estamos de volta ao problema filosófico: como escolhê-lo? O que é, afinal, um axioma, e com quais critérios selecioná-lo?

Alguns filósofos torceriam o nariz para essa questão em particular, mesmo que eles aceitassem a existência de problemas filosóficos reais. Popper é um deles; ele crê que questões do tipo "o que é isso:...?", onde o espaço vazio pode ser preenchido por praticamente qualquer coisa, não são boas questões. Isso porque, segundo ele, essas questões perguntam pela essência de algo, ou pelo significado de uma palavra, e ele não acata a existência nem de uma coisa nem de outra (mesmo que os diálogos de Platão estejam cheios de questões desse tipo). Não parece muito custoso aceitarmos que essências e significados não existam mesmo; pois, afinal, se existissem, por que têm o péssimo hábito de se esconderem, requerendo esforços imensos, nunca recompensados, para serem trazidos à luz (experimente buscar a "essência" de não importa o quê, por exemplo, à maneira de Platão, a virtude, ou a verdade; ou o "significado verdadeiro" de uma palavra absolutamente banal, por exemplo, "cadeira" e verá o que quero dizer)? – mas você tem o direito de discordar, não importa, esse não é um problema que nos ocupará aqui.

Seja como for, podemos entender que questões como "o que é um axioma?" não nos impõem a ingrata tarefa de buscar uma essência fugidia (compartilhada por *todos* os axiomas matemáticos), ou um significado igualmente arredio (o da palavra "axioma"), mas simplesmente que decidamos por um conjunto de critérios "razoáveis" para a eleição de um axioma matemático (juntamente com a justificação de porque são razoáveis esses critérios; o gosto pessoal do matemático, por exemplo, não pode ser um critério razoável). Popper diria que um axioma é apenas o pressuposto mais elegante dentre outros

---

6   Georg Cantor, o criador da teoria dos conjuntos, tentou inutilmente demonstrá-la; hoje sabemos que essa teoria é impotente para isso.

possíveis, isto é, que resolve o maior número de problemas do modo mais interessante. Além de retirar dos axiomas sua pretensão de obviedade e veracidade, ele crê que axiomas podem ser eventualmente abandonados em favor de pressupostos melhores. Mas essa já é uma resposta *filosófica*. Enfim, esse é um problema que ocupa alguns filósofos da matemática contemporâneos.

Mas não é o único, claro. Procedimentos eminentemente matemáticos, como definir e demonstrar (como já notamos), e noções essencialmente matemáticas, como as de infinito e contínuo, são fontes inesgotáveis de problemas filosóficos. Por exemplo, podemos perguntar: o que uma definição nos dá, um significado de um termo, a caracterização de um objeto ou, ainda, esse objeto ele mesmo (definições podem, em algum sentido, ser criativas)? O que distingue uma definição válida de uma inválida? Definições podem envolver o termo ou objeto definido de algum modo (ou seja, a circularidade de uma definição é inócua)? Ou então: que métodos de demonstração matemática são aceitáveis, e por quê? Que relações há entre verdade matemática e demonstrabilidade?

Esse último exemplo merece algum comentário. Há um teorema (meta)matemático que nos garante que em algumas teorias, entre elas a aritmética usual, não podemos identificar essas duas noções, se confinarmos a demonstrabilidade a um sistema bem definido de demonstração, com uma linguagem, princípios e regras bem determinados. O teorema ao qual aludimos (demonstrado por Kurt Gödel em 1931) nos diz que, dados determinados contextos formais para certas teorias matemáticas, sempre haverá verdades dessas teorias que não podem ser demonstradas nesses contextos. Mas, então, como sabemos que elas são, de fato, verdades? Evidentemente, por métodos que extrapolam as possibilidades do sistema formal de demonstração adotado. Claro, esses sistemas podem ser estendidos a sistemas formais mais abrangentes, mas então haverá outras verdades que escaparão do escopo desses sistemas estendidos, e assim sucessivamente. Isso levanta a questão, não mais matemática, mas *filosófica*, sobre a natureza da verdade matemática e suas relações complexas com a demonstrabilidade em sentido formal. Se não queremos recusar problemas desse tipo – e não o queremos –, como tratá-los se não filosoficamente?

Nesse último exemplo é interessante notar como a matemática e a filosofia dialogam. A matemática suscita o problema, que a rigor não lhe pertence, mas fornece os parâmetros para o debate. Nós não precisamos – na verdade, não podemos – ignorar resultados matemáticos ao procurar respostas para questões filosóficas pertinentes à matemática. Isso, porém, não é nenhuma novidade, ou não deveria ser. A filosofia da ciência, quando levanta questões importantes sobre, por exemplo, o espaço e o tempo, não pode ignorar as teorias *físicas* do espaço e do tempo (em particular a teoria de relatividade de Einstein). A ética não pode ignorar o conhecimento acumulado da medicina ou biologia, elas próprias fontes constantes de problemas éticos. Em suma, a filosofia não se opõe à ciência, nem pretende ocupar o seu espaço. Elas dialogam cientes de suas diferenças e especificidades. Se os problemas filosóficos de uma ciência surgem da sua prática, mas a extrapolam, isso não quer dizer que não podem ser iluminados por essa prática. A filosofia da matemática, em particular, se nutre do conhecimento matemático (por isso se espera que um filósofo da matemática tenha suficiente treino matemático).

Mas ela também não pode ignorar a história da matemática. Imre Lakatos, um filósofo da matemática que trouxe para essa disciplina alguns temas caros à filosofia da ciência de Popper (mas não se restringiu a isso, produzindo ideias originais muito interessantes), dizia, coberto de razão, que a filosofia da matemática sem a história da matemática é vazia, e esta sem aquela é cega (adaptando um conhecido dito de Kant: o entendimento sem a sensibilidade é vazio, a sensibilidade sem o entendimento é cega – sendo que, para Kant, a sensibilidade é a nossa capacidade, ou faculdade, se sermos afetados pelo ambiente por meio dos sentidos, e entendimento nossa capacidade de produzir juízos).

A história da matemática guarda lições importantes para um filósofo da matemática. A maior delas é que a matemática é um produto da cultura humana, não uma espécie de maná caído dos céus. Ela muda com o tempo, em função das culturas em que viceja e dos problemas práticos e teóricos que essas culturas enfrentam. A matemática dos gregos, por exemplo, que a inventaram nos moldes como a entendemos hoje, deve tanto ao espírito teórico-especulativo de sua cultura quanto a matemática dos babilônios, ao caráter prático de uma cultura talvez mais preocupada com problemas cotidianos que com metafísica. A geometria projetiva de Kepler e Desargues, no início do século XVII, para tomarmos outro exemplo, surge em contraponto ao uso da perspectiva linear na pintura renascentista, e nenhuma delas seria possível ao espírito finitista e à sensibilidade tátil – não visual – dos gregos[7].

Que a matemática seja um produto cultural, como a ciência, a arte, os sistemas de crença etc., nos impede de prever como ela será no futuro, o que talvez sugira ao filósofo historicamente bem informado que é inútil buscar uma essência imutável da matemática, e que as várias respostas dadas, por filósofos de várias épocas, sobre a natureza da matemática, seus objetos e métodos, devam ser lidas à luz da matemática e da cultura à época em que eles produziram suas filosofias. Ademais, a matemática tem muitas moradas (o que justifica que seja chamada de matemáticas, no plural, como o fazem o Inglês e o Francês). Isso, eu creio, explica o poder esclarecedor que múltiplas e díspares filosofias da matemática parecem ter. Afinal, é possível que cada uma delas ilumine um recanto particular desse domínio tão amplo e multiforme, ou então a matemática produzida na época em que essa filosofia foi gestada.

Por tudo isso, eu procurei aqui, sempre que possível, complementar a discussão filosófica com alguns dados históricos, buscando projetar uma filosofia contra o pano de fundo da matemática do seu tempo.

Este livro nasceu na sala de aula, pois foi escrito originalmente para um curso de filosofia da matemática ministrado a alunos de

---

7   Veja a respeito Ivins Jr. 1964. Mas não podemos esquecer a influência da *Geografia* do grego Ptolomeu no surgimento da perspectiva linear do Renascimento (veja a esse respeito Thuillier, 1994, cap. II).

pós-graduação em Filosofia do Instituto de Filosofia e Ciências Humanas da Unicamp, repetido alguns anos depois. Esses alunos formavam um grupo muito particular, com graduados em filosofia, que conheciam pouca matemática (como ocorre em geral, infelizmente, com estudantes de filosofia) e estudantes de matemática que conheciam pouca filosofia (outra caso a lamentar), além de graduados em outras áreas, que não conheciam muito bem nem uma nem outra. Mas todos eram inteligentes e interessados o suficiente para que tais deficiências não constituíssem um problema. Por isso, eu evito aqui, como evitei nos cursos originais, pressupor qualquer conhecimento prévio, quer em filosofia, quer em matemática. Sempre que possível eu explico em que determinada postura filosófica consiste, enuncio teorias em termos mais simples, escolho exemplos matemáticos elementares, esclareço o significado de questões matemáticas menos triviais, procurando sempre a maior clareza de que sou capaz.

Há, infelizmente, certa confusão entre dificuldade e obscuridade em alguns meios filosóficos muito preocupados em dar à filosofia uma absurda aura de mistério (talvez porque temam degradá-la, ou degradar-se). Um assunto pode exigir esforço para que encontremos o ponto de vista de onde seus elementos se encaixam num todo articulado com sentido explícito, como aqueles na Praça de São Pedro em Roma, de cuja mirada as colunas de Bernini se alinham perfeitamente, restaurando a racionalidade do conjunto. No pensamento obscuro, por outro lado, esse ponto não existe, não importa quanto o procuremos. As grandes filosofias, como a de Kant ou Platão, podem ser difíceis, mas nunca obscuras. Eu penso que simplificá-las é um tributo que lhes prestamos. Já as teorias obscuras, que zelosamente evitamos, veem a simplificação como um insulto. Acima de tudo eu quero que este livro possa ser útil àquele estudante, não importa a sua origem intelectual, que queira se iniciar na filosofia da matemática, mas que talvez não tenha estudado nenhuma filosofia antes e de matemática só conheça o elementar (sem, no entanto, alienar os já iniciados tanto num domínio quanto no outro).

Introdução

Suponhamos que você não soubesse que a soma dos três ângulos internos de um triângulo *qualquer* é *sempre* igual a dois ângulos retos, isto é, 180 graus, e que alguém lhe mostrasse isso. (Não importa como, se intuitivamente por meio de desenhos ou diagramas, ou racionalmente por pura argumentação lógica.) Suponhamos ainda que você se deixasse convencer por essa demonstração e, consequentemente, aceitasse o fato demonstrado como verdadeiro. Agora, suponhamos que você se encontre numa situação em que precise estimar *na prática* o valor de um particular ângulo interno de uma superfície triangular concreta, conhecidos os valores dos outros dois ângulos. É de esperar que você lance mão de seus conhecimentos matemáticos e obtenha o valor desejado com uma simples operação aritmética: subtraindo de 180 a soma dos valores dos ângulos conhecidos.

Você não duvida nem por um instante que esse fato geométrico, cuja demonstração não depende em nenhuma medida do testemunho dos cinco sentidos externos (mesmo que se tenha valido da imaginação visual, se a demonstração escolhida apoia-se em diagramas e na intuição espacial, como é o caso da célebre demonstração desse teorema em *Os elementos* de Euclides), tenha uma aplicação prática; e se acontecer de uma verificação posterior mostrar que a medida angular obtida por seu intermédio não corresponde ao real, você provavelmente irá atribuir esse erro às imprecisões intrínsecas às medidas, à grosseira triangularidade da figura em questão, ou outro fator qualquer. Não lhe ocorrerá considerar esse triângulo em particular uma exceção ao teorema. Você acredita, e com razão, que um teorema matemático não conhece exceção – se foi corretamente demonstrado –; que as previsões extraídas dele valem irrestritamente para não importa qual triângulo; e que mesmo triângulos grosseiramente traçados ainda assim são triângulos, e para eles o teorema também vale, ainda que aproximadamente.

Essa situação é perfeitamente banal, mas se examinada de perto faz pensar. Como você pode estar tão confiante no seu teorema? Se as ciências naturais e suas teorias podem falhar, por que não a matemática? Como um teorema demonstrado sem nenhum apelo à verificação empírica pode ter algo a dizer sobre os triângulos que você encontra na vida real? Como esse teorema pode pretender validade universal irrestrita, quando a sua demonstração usual por meio de diagramas considera apenas *um* triângulo particular, ainda que arbitrário? Essas questões não são facilmente respondidas e as tentativas de dissipar o embaraço que criam constitui um longo capítulo, ainda não encerrado, da reflexão filosófica.

A teoria do conhecimento, ou epistemologia, é a vertente filosófica que se preocupa com o conhecimento humano; e a filosofia da matemática – que tematiza e problematiza as características peculiares e as pretensões únicas do conhecimento matemático – constitui talvez um dos seus capítulos mais instigantes. Como uma disciplina filosófica com caráter próprio, ela é uma criação relativamente recente; seu aparecimento na cena filosófica remonta a fins do século XIX, aproximadamente, e deve muito à chamada "crise dos fundamentos". Essa "crise", caracterizada por um abalo de confiança nos alicerces da matemática – muito exagerado nos meios filosóficos –, se estendeu das últimas décadas dos Oitocento até as primeiras do século XX, e foi desencadeada por uma série de paradoxos – alguns reais, outros aparentes – descobertos na teoria dos conjuntos e na lógica que pareciam pôr em questão a confiabilidade dos métodos matemáticos[1]. Mas o maior impacto dessa crise fundacional não se deu na matemática, mas na filosofia. Acostumados às crises, a maioria dos matemáticos prosseguiu seu trabalho como de hábito (um pouco mais preocupados, talvez); já os filósofos viram aí uma oportunidade única para refletir sobre a natureza do conhecimento matemático. Nascia assim uma filosofia da matemática de caráter sistemático, que nesse período inicial estava inevitável e estreitamente ligada às tentativas de se colocar a matemática sobre bases sólidas confiáveis, num esforço para superar a crise dos fundamentos.

Os filósofos, entretanto, logo se deram conta de que a matemática não precisava de bases sólidas, se por isso se entende um fundamento de certeza. Os matemáticos, eles próprios, aparentemente nunca duvidaram disso. Como toda comunidade científica, a dos matemáticos assenta suas práticas em pressupostos universalmente aceitos, em geral não questionados até que eventuais problemas obriguem-na a revê-los e de algum modo corrigi-los. Até que uma crise se instale, pressupõe-se tacitamente que as bases do edifício matemático sejam sólidas. Abre-se, assim, mão da certeza e da segurança absolutas para que o trabalho cotidiano não seja prejudicado, pois uma excessiva preocupação com os fundamentos pode ter efeito nocivo sobre a prática matemática, ainda mais se não se chega, como de hábito, a uma conclusão consensual sobre a melhor fundamentação. E, na hipótese de crise, a comunidade científica adapta de maneira mais ou menos *ad hoc* seus pressupostos de modo a superá-la da melhor forma possível (em geral, desviando-se minimamente de seus procedimentos usuais)[2].

---

1 Alguns paradoxos, como os de Russell, Cantor e Burali-Forti envolvem noções centrais da teoria dos conjuntos, como a própria noção de conjunto, número cardinal e número ordinal, respectivamente; outros, como o de Richard, apenas noções lógicas, como a de definibilidade.

2 A história da matemática é uma história de crises, desde a descoberta das grandezas incomensuráveis pelos filósofos pitagóricos do século V a.C., passando pela descoberta dos números imaginários – símbolos aparentemente sem sentido, mas úteis, largamente utilizados pelos algebristas italianos do século XVI –, a

Mas o fim da febre fundacional não marcou simultaneamente o fim da filosofia da matemática. Pelo contrário, hoje mais que nunca ela está viva e saudável, tendo-se tornado uma disciplina filosófica por direito próprio. Mas mesmo antes da crise dos fundamentos – bem antes na verdade, desde pelo menos os antigos gregos – a matemática frequentou a preocupação de inúmeros filósofos, ainda que a filosofia da matemática não tenha sido sempre vista como um corpo independente no contexto das disciplinas filosóficas. Mas, de qualquer modo, como o conhecimento matemático não pode ser ignorado por nenhuma teoria do conhecimento séria, a reflexão filosófica sobre a matemática aparece já em Platão, para nunca mais abandonar os domínios da filosofia.

O conhecimento matemático apresenta de fato peculiaridades desconcertantes para qualquer epistemologia. Para filósofos de orientação *empirista*, por exemplo – para os quais não há conhecimento sem o concurso dos sentidos –, a matemática coloca um problema sério. Afinal, ela é (ou pelo menos parece ser) o exemplo por excelência de um conhecimento *a priori*, isto é, independente dos sentidos, puramente intelectual. Já filósofos *racionalistas*, que admitem uma faculdade intelectual (que podemos chamar simplesmente de razão ou entendimento[3]) que nos torna capazes de conhecimento *a priori*, devem explicar como é possível que um conhecimento puramente racional possa oferecer às ciências empíricas uma linguagem e um aparato conceitual tão apropriados, como é o caso da matemática.

Para o *idealista* (ao menos em uma de suas variantes, a *transcendental*) o conhecimento define-se pela acomodação dos dados sensoriais em moldes racionais *a priori* (que não apenas independem

---

introdução dos métodos infinitários no século XVII, até a crise dos fundamentos do início do século XX (apenas para citar uns poucos exemplos notáveis). Mas em nenhum momento a matemática duvidou, ou abriu mão, de seus métodos, sempre fiel, mesmo *avant la lettre*, ao conselho de D'Alembert àqueles que poderiam fraquejar diante dos métodos infinitesimais: sigam em frente que a fé lhes virá.

3   Esses dois termos não são neste momento entendidos tecnicamente, como o serão em breve quando discutirmos as filosofias de Platão e Kant.

dos sentidos, mas sem os quais a própria experiência sensorial como a conhecemos seria impossível). Esse ponto de vista, mais ou menos a meio caminho entre o empirismo e o racionalismo, parece apto a acomodar tanto a natureza *a priori* do conhecimento matemático, que seria então nada mais que o conhecimento racional de algumas das formas que o pensamento impõe à experiência (as formas matemáticas precisamente), quanto a aplicabilidade da matemática ao mundo empírico. Mas o idealista enreda-se em outros problemas igualmente embaraçosos. Se as formas *a priori* da experiência não são, a rigor, aspectos intrínsecos da experiência (mas a ela impostos *por nós*), então a matemática é apenas uma espécie de autoconhecimento, o que contraria nossa impressão de que ela trata de entidades objetivas, que "estão aí" independentemente de nós.

Seja como for, o fato é que a matemática aparece-nos como um corpo altamente desenvolvido de conhecimento puramente racional – portanto independente da experiência – sobre entidades abstratas apenas pensáveis, e de modo nenhum perceptíveis por meio dos sentidos, que não obstante são capazes de oferecer meios para organizarmos os dados dos sentidos e estruturarmos nossa experiência do mundo a ponto de podermos prever experiências futuras. Em que medida esse modo de ver é justificável? Que sentido de existência têm os objetos da matemática, se existem de fato objetos matemáticos propriamente ditos? Qual é a natureza da verdade matemática? Como é possível que a matemática tenha algo a dizer sobre o mundo empírico? A filosofia da matemática é a tentativa de responder a essas e a outras questões correlatas.

Vamos aqui privilegiar uma abordagem histórica desses problemas, apesar de nossa preocupação não ser histórica. Nosso objetivo último é apresentar uma (ou muitas) resposta(s) (mais ou menos) satisfatória(s) às muitas questões filosóficas suscitadas pelo conhecimento matemático. Mas como nenhuma tentativa dessa espécie pode ignorar a tradição filosófica, iremos buscar nossas respostas no diálogo com as soluções paradigmáticas oferecidas pela tradição, a começar pelos seus fundadores, Platão e Aristóteles (sem, no entanto, pretendermos um tratamento exaustivo da história da filosofia da matemática). Comecemos.

1
Platão e Aristóteles

Prólogo: a matemática grega

A matemática entrou na cultura primeiramente como uma técnica, a de fazer cálculos aritméticos e geométricos elementares, e suas origens perdem-se nos primórdios da história. Dentre os povos antigos, os egípcios foram bons matemáticos, como suas realizações técnicas o atestam, mas os babilônios foram ainda melhores. Mas, ainda que essas culturas tenham produzido uma matemática reconhecível como tal, faltava a ela o caráter sistemático, rigoroso, puro – isto é, não empírico – e, em grande medida, a indiferença com respeito a aplicações práticas imediatas que caracterizam o conhecimento matemático, tal como o entendemos hoje.

Certamente os babilônios conheciam o teorema de Pitágoras – segundo o qual o quadrado construído sobre a hipotenusa de um triângulo retângulo tem área igual à soma das áreas dos quadrados construídos sobre os outros dois lados –, pelo menos em casos particulares, como atestam documentos arqueológicos, mas faltava-lhes uma demonstração rigorosa desse teorema, se por isso se entende uma argumentação irrefutável de caráter puramente racional da validade universal do fato enunciado. Essa é uma invenção grega e caracteriza a matemática produzida por essa civilização.

O início da matemática grega pode ser remetido aos tempos de Tales de Mileto, um dos míticos sábios da Grécia heroica, por volta do século VI a.C., a quem a tradição atribui a primeira demonstração matemática (ainda que pelo método empírico de *epharmózein* ou superposição[1]). Claro que tanto ele quanto seus contemporâneos e conterrâneos, os filósofos Anaximandro e Anaxímenes, não criaram conhecimento *ex nihilo*, eles certamente beberam em fontes gregas e não gregas (babilônicas e egípcias, em particular), mas o seu modo específico de tratar questões científicas e filosóficas – no espírito da pura especulação desvinculada de interesses práticos imediatos –, seus métodos, fincados no debate racional, e a concepção que mantiveram de uma natureza racionalmente compreensível os apartam de seus predecessores e mestres como os legítimos criadores do que se entende até o presente por Filosofia e Ciência. Se os babilônios estavam principalmente interessados em desenvolver métodos úteis de cálculo, os gregos viam na matemática o meio de acesso à própria estrutura íntima do cosmos. Pitágoras e Platão são assim os antecessores em linha direta de Galileu, Kepler, Newton e Einstein.

Talvez os primeiros grandes matemáticos gregos tenham sido mesmo Pitágoras e seus seguidores – os chamados filósofos pitagóricos. Pitágoras de Samos viveu por volta do final do século VI a.C. e criou, com seus discípulos, uma seita mística na qual conviviam o racionalismo grego e os elementos do pensamento mágico de povos mais ao leste e ao sul. Porém, pouco se conhece da vida e dos feitos do Pitágoras histórico, ele e seus ensinamentos dissolvem-se na névoa de um passado mítico em que a realidade e a lenda se misturam. Mas a tradição pitagórica sobreviveu ao seu fundador e influenciou de modo inequívoco o pensamento e a ciência ocidentais.

Os pitagóricos são conhecidos principalmente pela teoria, meio metafísica, meio mágica, que tudo se reduz a números. Além de Galileu, que dizia que o livro do Universo está escrito em caracteres matemáticos, talvez também derive do pitagorismo as crenças mágicas da numerologia, ainda bastante vivas entre os que abrem mão da

---

1 Veja a propósito Eggers Lan, 1995.

ciência, mas não do pressuposto de que há uma ordem no Universo, onde *tout se tient*. A teoria da constituição numérica do mundo é também tributária de uma outra contribuição notável dos pitagóricos: a descoberta que os intervalos musicais correspondem a razões numéricas simples (a oitava a ½, a quarta a ⅔ e a quinta a ¾).

Uma descoberta em particular, atribuída aos pitagóricos, constituiu-se numa das mais importantes descobertas matemáticas daquela época – e talvez de qualquer época –: a das grandezas incomensuráveis. Eles descobriram que a média proporcional, ou geométrica, entre a unidade e o seu dobro – isto é, o x tal que $1/x = x/2$ – não podia ser expressa em termos dessa unidade[2]. Mas essa foi uma conquista amarga, pois levantava dúvidas quanto à correção da tese pitagórica de que os números eram os constituintes últimos da realidade (por isso essa descoberta deveria ser mantida em segredo e, segundo a lenda, custou a vida do filósofo pitagórico que a divulgou – Hippasus).

Se tudo é, de fato, feito de números, todas as grandezas deveriam poder ser comparadas quanto à quantidade de unidades que contêm; isto é, duas quaisquer grandezas deveriam ser comensuráveis – como cada uma delas conteria uma quantidade inteira de unidades elas estariam entre si numa relação de proporcionalidade. Mas não foi isso que se verificou. Os pitagóricos notaram – supõe-se, com espanto – que a média proporcional entre 1 e 2 não é comensurável com essa unidade ou, equivalentemente, a diagonal de um quadrado qualquer não é comensurável com o lado desse quadrado. Não há uma unidade tal que o lado de um quadrado e a sua diagonal con-

---

2   Resolver esse problema é equivalente a resolver o problema da duplicação da área de um quadrado; assim como o problema do cálculo de duas médias proporcionais entre 1 e 2 (isto é, x e y tais que $1/x = x/y = y/2$) é equivalente a resolver o problema (insolúvel por régua e compasso) da duplicação do volume de um cubo (famoso problema da geometria grega). A média proporcional entre um segmento unitário e o seu dobro é dada pela diagonal do quadrado de lado unitário, que é então um segmento incomensurável com essa unidade; em geral, acredita-se que a descoberta da incomensurabilidade tenha se dado nesse contexto geométrico, mas talvez os pitagóricos a tenham descoberto no contexto aritmético do estudo de proporções, já que é notório o interesse que eles tinham por questões desse tipo.

tenham um número inteiro dela. Euclides, o matemático que no século III a.C. codificou parte substancial da matemática grega até então, ofereceu em seus *Os elementos* (livro X) uma demonstração desse fato que é provavelmente o modelo de todas as demonstrações matemáticas – pela sua elegância, sua simplicidade e seu poder cogente. A descoberta da incomensurabilidade foi a primeira grande crise da matemática, mas os matemáticos souberam superá-la bravamente, inicialmente com a teoria das proporções de Eudoxo, que Euclides incorporou a *Os elementos*, e, depois, já no século XIX, com a teoria dos irracionais de Dedekind.

O apogeu da matemática grega, porém, deu-se no período helenista, posterior a Platão e Aristóteles, e os seus nomes mais vistosos, que se contam entre os maiores de todos os tempos, foram os de Euclides, Arquimedes e Apolônio, todos ligados à "universidade" e à famosa biblioteca de Alexandria, cidade grega no Egito. Os dois últimos foram grandes criadores matemáticos e o primeiro foi antes de tudo um genial sistematizador do conhecimento acumulado pela tradição. Conforme Proclo, um comentador de *Os elementos* do século V d.C., Euclides coletou de forma sistemática e segundo um tipo modelar de ciência, a matemática produzida, por exemplo, por Eudoxo e Teeteto. Mas, claro, Euclides não foi apenas um coletor. Coube-lhe também prover demonstrações rigorosas (para a época) em que elas faziam falta e corrigir outras menos perfeitas.

O gênio de Euclides, porém, estava no modo como ele fez isso. A partir de um sistema mínimo e supostamente completo de verdades não demonstradas e indemonstráveis – axiomas e postulados (posteriormente verificou-se que no sistema faltavam pressupostos, substituídos pela intuição espacial) –, Euclides demonstrava racionalmente todos os enunciados de *Os elementos*. Estava assim criado o método axiomático-dedutivo que viria a servir de modelo para toda a matemática a partir de então: a redução racional (preferivelmente lógica) de todas as verdades de uma teoria a uma base mínima e completa de verdades evidentes ou simplesmente pressupostas. Não havia nada de remotamente similar na matemática não grega.

Apesar, contudo, de todo o seu gênio, a matemática grega também tinha as suas limitações. A ciência matemática grega por excelência era a geometria, ainda que alguma aritmética houvesse, mas fortemente restrita pela pesada e ineficiente notação numérica grega (a notação posicional decimal com um símbolo para o zero – extremamente ágil e apropriada para o desenvolvimento dos algoritmos de cálculo – só apareceria séculos depois, na Idade Média, com a difusão da matemática indiana por meio da expansão árabe) e pela ausência de uma concepção exclusivamente aritmética de número. Para os gregos, números eram sempre pensados como coleções de unidades[3], e essas coleções, como figuras geométricas. Os conceitos de número par e ímpar impunham-se naturalmente nesse contexto, uma vez que correspondem à possibilidade ou não de repartir essas figuras em partes iguais; noções como as de números triangulares e outras do gênero, características da aritmética grega, são obviamente devedoras dessa concepção geométrica do número. A álgebra, entendida como a teoria das equações, não existia, sendo essencialmente uma criação árabe da Idade Média (claro, há alguma álgebra na *Aritmética* de Diofanto, um matemático grego do século III d.C., mas num estágio intermediário entre a aritmética ou, mais precisamente, a logística grega e a ciência mais desenvolvida criada pelos árabes a partir do advento do Islamismo).

Mesmo a geometria era concebida pelos gregos como uma teoria do espaço da percepção sensorial. Obviamente, não lhes ocorria, nem poderia acontecer-lhes, a ideia de uma geometria realmente formal, que descrevesse um espaço simplesmente concebível, concepção que se tornou moeda corrente com o advento, já no século XIX, das geometrias não euclidianas (como ficaram conhecidos os sistemas geométricos em si consistentes, mas incompatíveis com a geometria de Euclides – chamada agora de "euclidiana", não mais de "Geometria" pura e simplesmente).

---

3   Como veremos a seguir, a concepção platônica dos números ditos matemáticos – coleções de unidades puras indiferenciadas – é a forma ideal dessas coleções.

Os gregos conheciam também – como os povos mais antigos dos quais são herdeiros, os babilônios em especial – uma matemática aplicada, especialmente na astronomia (e, consequentemente, alguma trigonometria, como aparece, por exemplo, no *Almagesto* de Ptolomeu, no século II d.C.). Mas quando pensamos na matemática grega, de Tales a Arquimedes, é na geometria euclidiana que pensamos; e quando pensamos em um método e um modo de conceber essa ciência, é em *Os elementos* de Euclides que pensamos. Nessa ciência e nesse método eles foram os mestres insuperáveis.

Essa geometria de corte euclidiano – ciência racional fundada na demonstração, pura em larga medida, sem preocupações imediatas com as aplicações, mas aplicável em princípio, em especial na astronomia, juntamente com uma aritmética geometrizada comparativamente bem mais elementar – é fundamentalmente a matemática que conheciam Platão e Aristóteles. Mas, do ponto de vista filosófico, a questão que importa é *como* eles a viam, em particular que estatuto atribuíam aos objetos da matemática (a isso chamaremos o problema ontológico), como podemos conhecê-los (o problema epistemológico) e como, segundo eles, pode-se dar conta da aplicabilidade da matemática ao mundo real. É inegável que Platão é o continuador da tradição pitagórica, em que a matemática descortina a essência mesma do mundo (e o seu diálogo *Timeu* seja talvez a prova mais clara disso), enquanto Aristóteles, empenhado numa crítica da teoria platônica das Ideias, irá recusar aos entes matemáticos a idealidade platônica, reconduzindo-os, de algum modo, ao mundo empírico.

Platão e Aristóteles

Platão e seu discípulo Aristóteles são, em muitos sentidos, filósofos paradigmáticos. Os sistemas filosóficos que erigiram oferecem um vasto repertório de ideias que a tradição frequentemente retoma e elabora. E isso não é menos verdade no caso da filosofia da matemática. As teorias sobre a natureza da matemática – dos seus objetos em particular – propostas por ambos oferecem dois modelos exemplares de explicação. Enquanto para Platão as entidades matemáticas constituem um domínio objetivo independente e autossuficiente, ao qual temos acesso pelo entendimento[4], para Aristóteles os entes matemáticos têm uma existência parasitária dos objetos reais – uma vez que objetos matemáticos só existem encarnados em objetos reais – e só nos são revelados com o concurso, ao menos em parte, dos sentidos. Para Platão, o mundo real apenas reflete imperfeitamente um mundo puro de entidades perfeitas, imutáveis e eternas – os conceitos matemáticos entre elas. Para Aristóteles, o mundo sensível é a realidade fundamental, os entes matemáticos são "extraídos" dos objetos sensíveis por meio de operações do pensamento, e os conceitos matemáticos são apenas modos de tratar o mundo real.

De um lado o *racionalismo* de Platão, que atribui à razão humana o poder de penetrar nos domínios suprassensíveis da matemática, e o seu *realismo ontológico transcendente*, que afirma a existência independente dos entes matemáticos num reino fora deste mundo; de outro, o *empirismo* de Aristóteles, que se recusa a dar morada aos entes matemáticos em qualquer outro reino que não o deste mundo, e o seu *realismo ontológico imanente*, que garante, ele também, uma

---

4　Esse termo pode ser tomado em sentido técnico para traduzir o termo que Platão usa para a faculdade que nos permite ascender ao reino dos objetos matemáticos: *diánoia*. Platão distingue entre *diánoia*, a atividade ou faculdade do pensamento, que traduziremos por entendimento, e *nóesis*, a atividade de intelecção ou a razão pura, que traduziremos simplesmente por razão. Aquela é apropriada ao conhecimento da aritmética e da geometria; esta, à ciência filosófica por excelência: a *dialética*, cujos objetos são as Ideias. Ambas são atividades próprias à *inteligência*. A razão nos fornece a única *ciência* (*epistéme*) verdadeira: a dialética; o entendimento, visto como uma faculdade, nos dá, claro, o entendimento – visto agora como o produto dessa faculdade. O entendimento é uma forma mais baixa de ciência e compreende exemplarmente a aritmética e a geometria. Aquém desses produtos da inteligência temos os frutos da mera *opinião* (*dóxa*): a crença e a *conjectura*. A ciência e o entendimento, para Platão, têm por objeto o real, isto é o reino das Ideias e dos objetos matemáticos; a opinião, o reino sensível, habitado por cópias imperfeitas das Ideias e objetos matemáticos. Segundo Platão, o real está para o sensível assim como a inteligência está para a opinião; e aquela está para esta assim como a ciência está para a crença, e o entendimento, para a conjectura. (cf. *A República*, livro VII, em particular 533b-534a)

existência aos objetos matemáticos independentemente de um sujeito, mas *não* de outros objetos do mundo empírico. Ambos comungam da tese que a verdade matemática é independente da ação de um sujeito – a tese do *realismo epistemológico* –, mas discordam quanto ao que deve fazer o sujeito para *revelar* essa verdade. Enquanto para Platão basta o entendimento para que ela nos seja desvelada (e a metáfora de uma verdade sob véus cabe bem a Platão), Aristóteles deve contar também, e não de modo meramente acidental, com os sentidos, se bem que não possa confiar apenas neles (contra teses empiristas mais radicais). Para Platão, o mundo empírico é uma degradação do real propriamente dito, e a matemática em nada sofreria se o mundo que experimentamos pelos sentidos não existisse; para Aristóteles, a destruição desse mundo seria concomitantemente a destruição dos domínios e da verdade matemáticas.

Enquanto Aristóteles é o filósofo com "os pés no chão", Platão é o filósofo "com a cabeça nas nuvens"; ambos nos ofereceram modos paradigmáticos de se entender a matemática, a natureza de seus objetos e dos seus domínios, e suas relações com o sujeito do conhecimento e o mundo empírico. Vamos a eles.

Platão

Na filosofia de Platão (~ 429 – 347 a.C.) a realidade – sentida ou apenas pensada – divide-se em dois níveis: um mundo transcendente perfeito e imutável – o mundo do ser, atemporal e eterno – e outro imperfeito e corruptível – o mundo imanente do vir-a-ser, imerso no tempo e no torvelinho da transformação incessante, este em que nós vivemos. O mundo imanente nos é acessível por meio dos sentidos, o transcendente apenas pela razão ou pelo entendimento[5]. Esse é refletido naquele como as nuvens do céu nas águas de um lago, apenas de modo imperfeito e aproximativo. No mundo empírico, onde vivemos com os objetos que nos rodeiam, há, por exemplo, figuras aproximadamente circulares e pessoas aproximadamente boas, mas

---

5   Vide nota anterior.

apenas no mundo transcendente do ser, onde habitam as Ideias e as essências perfeitas, encontram-se a própria Ideia de circularidade, a bondade sem jaça e os círculos perfeitos[6]. Esses são os modelos das figuras mais ou menos circulares e pessoas apenas grosseiramente bondosas do mundo sensível. Conhecer em sentido próprio consistia, para Platão, em ascender ao mundo real do ser pelo uso exclusivo das faculdades da inteligência: a razão e o entendimento[7]. Conta-se que uma inscrição no pórtico da Academia de Platão[8] alertava para que não entrasse ali quem não conhecesse geometria, e isso porque ele a considerava, além de exemplo de conhecimento intelectual, uma atividade propedêutica essencial à filosofia própria[9].

Segundo Platão, as Ideias matemáticas (como as Ideias de triangularidade e dualidade) admitem instâncias também perfeitas, nesse caso os triângulos matemáticos e as *várias* instâncias do número 2. Sendo perfeitos, esses objetos *não* são acessíveis aos sentidos. Os exemplos puros da dualidade – como de resto todos os números

---

6 Platão é claro nesse ponto: as Ideias e formas matemáticas não admitem exemplos sensíveis (cf. a *Sétima carta* 342a-343b).

7 Platão admite certa interferência dos sentidos no exercício do entendimento, contrariamente à razão, sempre pura. Os geômetras, afinal de contas, ao lançar mão, de modo *essencial* nessa época, de gráficos e diagramas de natureza *empírica* e de procedimentos e linguagem *construtivos* (tudo isso exemplificado de modo muito claro em Euclides, sendo o modo de falar construtivo criticado pelo próprio Platão – cf. *A república* livro VII, 527a), parecem não poder abrir mão dos sentidos, mesmo se os objetos de que tratam não sejam objetos dos sentidos. Mas o importante para Platão é que, mesmo olhando para o mundo sensível, a geometria mira o real (ainda que um real de ordem inferior ao domínio das Ideias) com os instrumentos da inteligência (ainda que uma forma de inteligência – o entendimento – menos radical que a razão) (cf. *A república*, livro VII). Mesmo que houvesse no tempo de Platão uma geometria pura, como os sistemas axiomáticos modernos, ela ainda assim seria vista como um produto do entendimento, não da ciência, por repousar sobre axiomas de natureza hipotética, isto é, pressupostos não demonstrados.

8 Escola fundada por Platão em Atenas por volta de 387 a.C., a qual ele dirigiu até sua morte, em 347 a.C. A Academia sobreviveu até o ano de 529 d.C., quando foi fechada pelo imperador cristão Justiniano, sob a acusação de paganismo.

9 Em *A república* a aritmética, a geometria, a astronomia matemática, além da música, são indicadas como propedêuticas à reflexão filosófica.

ditos matemáticos ou monádicos (os *arithmoi monadikoi*, que são as instâncias perfeitas das Ideias numéricas, chamadas essas de *arithmoi eidetikoi*) – são simplesmente coleções de duas mônadas indiferenciadas (uma mônada é uma instância perfeita da Ideia de unidade)[10].

Pode parecer estranho à primeira vista que, para Platão, exista uma pluralidade indeterminada de números matemáticos, por oposição aos números eidéticos, que são objetos singulares – há apenas uma Ideia de dois, mas vários números dois. A razão para tal multiplicidade é a seguinte. Se existisse no mundo ideal apenas *um* número 2, que sentido teria a identidade $2 + 2 = 4$, na qual compareçam *duas* instâncias da Ideia de dois? Essa identidade não pode ser uma relação entre Ideias numéricas – sendo entidades singulares ela não admitem cópias de si próprias – mas entre números, que precisam então existir em abundância para que ela tenha sentido. Platão teve assim que admitir a existência, além da perfeita Ideia de 2, das várias *instâncias perfeitas* dessa Ideia.

Embora os termos "Ideia" e "forma" sejam sinônimos na filosofia de Platão, eu os usarei aqui com sentidos distintos, ao menos no que diz respeito à matemática. Reservo os termos "Ideia" para as Ideias matemáticas propriamente ditas – como triangularidade e dualidade – e "forma" para seus exemplos perfeitos, que habitam o mesmo mundo transcendente das Ideias, mas são entidades distintas dessas. As formas perfeitas que correspondem à Ideia de triangularidade, por exemplo, são os triângulos matemáticos perfeitos; as que correspondem à Ideia da dualidade, as várias instâncias do número 2. A forma da dualidade é a forma comum a todos os pares de coisas, quaisquer que sejam elas. Poderíamos expressá-la assim: *algo e algo*. Essas formas, diz Platão, *participam* das suas respectivas Ideias – como se a Ideia de 2 fosse um conceito ou noção geral e as suas várias (infinitas)

---

10 Assim, além da aritmética usual, cujos objetos são os números matemáticos e que nos fornece entendimento, há uma aritmética filosófica, cujos objetos são os números eidéticos. Essa apenas é científica em sentido estrito. (Que sentido dar hoje a essa aritmética filosófica, talvez o de uma investigação do próprio conceito de número, como nos deram Frege ou Dedekind?)

instâncias fossem a extensão desse conceito[11]. As Ideias, entretanto, não se subordinam às formas, a Ideia de dualidade não tem a forma de *algo e algo*; a Ideia de triangularidade não tem a forma triangular. Mas, contrariamente, faz sentido dizer que uma forma aplica-se a si própria; por exemplo, que as formas triangulares são triangulares e que *algo e algo* tem a forma de *algo e algo*.

Os objetos triangulares e os pares de objetos do mundo físico, por sua vez, têm apenas uma relação de *semelhança* – não de identidade – com as formas. Dizemos que um objeto sensível tem a forma triangular – e isso quer dizer que ele é semelhante a um triângulo, mas não é ele próprio um triângulo – e que um par qualquer de objetos tem a forma do número 2, isto é, a forma de *algo e algo* – e isso é um modo de dizer que ele é semelhante a um qualquer número 2, mas não é um deles. A relação de semelhança ou isomorfia exclui a perfeita identidade. Um triângulo sensível é apenas aproximadamente um triângulo em sentido matemático estrito, uma coleção de dois objetos sensíveis tem apenas aproximadamente a forma do 2. É só porque tomamos cada um dos objetos que compõem um par de objetos reais como uma unidade perfeita indivisível – o que nenhum objeto sensível é de fato – que a dualidade lhe cabe como forma. E porque nenhum objeto deste mundo é uma unidade perfeita, nenhuma coleção de dois deles é uma instância perfeita da Ideia do 2. As formas ocupam, assim, uma posição intermediária entre as Ideias e as coisas do mundo físico, o mundo imperfeito acessível aos sentidos.

Para Platão, a matemática se ocupa das formas, não das Ideias. Essas são objetos da filosofia; delas ocupa-se a dialética[12], a mais elevada e

---

11 O que faz com que algo (uma dada multiplicidade) seja um par, isto é, seja 2, não é algo *intrínseco* a ele, ou uma qualquer operação (por exemplo, a junção), mas a sua participação na Ideia de 2 (cf. *Fedão*, 101b-c).

12 A dialética é, para Platão, a ciência filosófica que consiste em ascender dos conceitos e proposições até os conceitos mais gerais e primeiros princípios. A dialética tem, assim, a tarefa de ordenar e hierarquizar as Ideias, estabelecendo entre elas as conexões necessárias. Esse termo, que originalmente designava apenas o diálogo, conhece depois de Platão (com Aristóteles, Kant, Hegel e Marx) uma variedade de novos sentidos, alguns gozando de boa fama, outros, de reputação menos brilhante.

característica disciplina filosófica. As formas, os objetos matemáticos por excelência, habitam, como dissemos, um lugar celeste fora deste mundo imperfeito, fora do espaço e do tempo, e assim imunes à geração e à degradação. Preexistem, portanto, à atividade matemática[13]; à qual cabe apenas "ascender" até eles e estudá-los. Ou seja, tanto os objetos quanto as verdades matemáticas têm, segundo Platão, existência independente de nós (realismo ontológico e epistemológico).

Como então podemos conhecê-los? A resposta de Platão é: pelo intelecto. Os sentidos podem apenas nos sugerir, conduzir nossa atenção para as entidades perfeitas; conhecê-las, porém, é tarefa exclusiva da inteligência. Platão é o exemplo acabado do racionalista em filosofia. Para ele o homem tem uma alma racional e um corpo sensível, aquela pode ascender ao mundo das Ideias, onde, segundo alguns diálogos platônicos, já esteve antes de juntar-se ao corpo[14]; esse tem apenas aquilo que lhe fornecem os sentidos, que não nos podem dar um conhecimento perfeito e indubitável[15]. As verdades matemáticas, em particular, expressam simplesmente, para Platão, relações universais e imutáveis entre as formas matemáticas. Nós as conhecemos, ou podemos conhecer, *a priori*, isto é, independentemente dos sentidos, por meio do entendimento. E mesmo as verdades que desconhecemos no momento estarão sempre à disposição do nosso intelecto com seu valor de verdade inalterado.

Apesar de não ter sido ele próprio um matemático, quase toda a matemática que se fazia na época de Platão era feita ao seu redor,

---

13 Por isso Platão critica a linguagem construtivista dos geômetras, que faziam, e ainda fazem, uso irrestrito de termos como prolongar, construir, traçar, estender etc.
14 Esse é o fundamento da teoria platônica da reminiscência. Segundo Platão, o conhecimento racional jaz dormente na alma, essa parte de nós que já teve contato direto com as Ideias e formas. Aprender é apenas uma forma de recordar (cf. *Fédon*, 73a-75e).
15 No diálogo *Mênon* Platão põe sua teoria da reminiscência em prática com um exemplo matemático, precisamente. Um jovem escravo é levado a construir um quadrado com o dobro da área de um quadrado dado por meio de uma série de intervenções de Sócrates que, como um parteiro, conduz o entendimento do jovem à luz. O momento de "intuição" de uma verdade matemática é, assim, em Platão, um momento de recordação.

por seus alunos e amigos. Como já dissemos antes, muito do que está em Euclides veio de autores anteriores a ele, em particular Teeteto e Eudoxo. Pois bem, o primeiro foi aluno e o segundo amigo de Platão.

Dificilmente poderíamos exagerar a importância da matemática no pensamento de Platão e o papel que ele lhe reservava na estruturação do mundo, no esquema geral do conhecimento e na educação. Mas, ainda mais que uma filosofia da matemática, Platão nos legou um estereótipo. Hoje, poucos ainda aceitam seriamente o reino puro de Ideias de Platão, a sua teoria da reminiscência, e outras idiossincrasias da sua filosofia, mas a imagem da matemática como uma ciência de um domínio fora desse mundo ao qual ascendemos pelo pensamento é ainda a "filosofia" natural dos matemáticos. Os filósofos platonistas de hoje procuram arduamente transformar esse estereótipo numa filosofia articulada.

Aristóteles

O discípulo de Platão, Aristóteles (384 – 322 a.C.), permitia-se discordar do mestre[16]. Em primeiro lugar, ele não admitia a existência de um reino transcendente de Ideias e formas matemáticas. As formas geométricas e numéricas existem, para Aristóteles, apenas como *aspectos* de objetos e coleções de objetos reais, isto é, notas características desses objetos cuja existência *depende* da existência dos próprios objetos[17]. Não há uma Ideia ou uma forma transcendente de triângulo ou de dualidade, apenas objetos

---

16   As ideias de Aristóteles sobre a natureza da matemática são apresentadas, por exemplo, nos livros XIII e XIV da *Metafísica*, no contexto de uma polêmica contra Platão. Aristóteles não duvida de que os objetos matemáticos existam, mas discorda que existam separadamente dos objetos reais (*Metafísica*, livro XIII, 1076a). O problema é que Aristóteles polemiza, em grande medida, contra o Platão da tradição oral, que contém uma forte componente pitagórica, não o Platão que encontramos nos diálogos.

17   Para Aristóteles, os objetos matemáticos são posteriores em substancialidade (isto é, são objetos que não têm existência independente), mas anteriores em definição, já que podem ser definidos independentemente de seu suporte material (enquanto a definição de um corpo envolve referência à sua forma) (*Metafísica*, livro XIII, 1077b).

triangulares e pares de objetos. Assim, a matemática não tem um domínio distinto do de qualquer ciência empírica; como a física, ela se ocupa dos objetos deste mundo. Elas diferem apenas no modo de tratá-los. A matemática considera-os exclusivamente do aspecto formal matemático[18], isto é, vê neles apenas sua forma geométrica ou aritmética[19].

Podemos dizer que, para Aristóteles, os objetos matemáticos são uma abstração apenas ou, na pior das hipóteses, uma ficção útil. Eles não têm existência separada dos objetos empíricos, são apenas aspectos deles, e se à vezes os pensamos como independentes, isso é apenas um modo de pensar sem maiores consequências práticas[20]. Um objeto empírico é um objeto matemático na medida em que nós podemos considerá-lo do ponto de vista de seu aspecto matemático, ou seja, *como* um objeto matemático.

Se, por exemplo, Paulo é marido de Maria, não existe um ente "o marido de Maria" separadamente de Paulo, e do qual Paulo de algum modo participa; ser marido de Maria é apenas um aspecto de Paulo. Podemos tratá-lo como um homem sem considerar em nada esse aspecto, mas podemos também, talvez para efeitos legais numa ação de divórcio, considerá-lo apenas sob esse aspecto. Assim, nós abstraímos de Paulo (*abstrair* significa literalmente *tirar fora*) apenas o seu aspecto que nos interessa nesse contexto. O homem Paulo em nada se modifica, é claro; a operação de abstração é simplesmente uma

---

18 Nas palavras do próprio Aristóteles: "De fato, a matemática se ocupa apenas com as formas: ela não tem a ver com os substratos; pois ainda que as propriedades geométricas sejam propriedades de um certo substrato, não é enquanto pertencentes ao substrato que ela as mostra". (*Segundos analíticos*, I, 13.) Essa sentença contém o essencial da filosofia da matemática de Aristóteles.
19 Por *forma aritmética* de uma multiplicidade qualquer de objetos entendo essa multiplicidade considerada apenas como uma quantidade de unidades indiferenciadas, uma para cada um dos seus elementos.
20 Assim como um geômetra pode, para fins de demonstração, traçar um segmento e declarar que mede hipoteticamente um metro, mesmo que assim não seja na realidade (*Metafísica*, livro XIII, 1078a).

operação lógica, não real[21]. Na ação de divórcio pouco nos interessa a cor de seus olhos, ou qualquer outro aspecto seu, apenas o que diz respeito a Paulo *qua* (isto é *como*) marido de Maria nos interessa. Analogamente, para Aristóteles, a matemática estuda objetos sob certos aspectos apenas, uma bola *como uma esfera*, um par de dois livros *como dois*. Ao fazer isso, dizemos, *abstraímos* da bola a sua forma geométrica e da coleção de livros a sua forma aritmética. Visto assim, Aristóteles é um empirista em ontologia, pois, para ele, *apenas* os objetos dos sentidos existem realmente, com um sentido pleno de existência.

Poderíamos, porém, perguntar, e os números tão grandes que não podem numerar nenhuma coleção real, e as formas geométricas tão esdrúxulas que não podem dar forma a nenhum objeto real (como o miriágono, o polígono de dez mil lados)? A saída, para Aristóteles, é admitir entre os objetos matemáticos também certas formas fictícias. Essas, no entanto, por serem *construtíveis* a partir de formas reais, são *possíveis* na realidade. Um número muito grande *pode* ser construído, por adição sucessiva de unidades, a partir de qualquer número pequeno, e o miriágono *pode* ser construído a partir de figuras geométricas reais, como círculos e segmentos de reta. Assim, numa compreensão mais ampla, a matemática, segundo Aristóteles, trata não apenas de formas abstratas *atuais*, mas também de formas simplesmente *possíveis*[22].

Apesar de admitir que alguns objetos do mundo empírico, como as estrelas fixas, por exemplo, têm formas matemáticas perfeitas (as estrelas são, para ele, esferas perfeitas), Aristóteles, claro, estava consciente do fato de que a forma matemática dos objetos deste mundo sublunar nunca

---

21 Numa perspectiva "psicologista", que considera o pensamento como uma manipulação de representações, e essas como objetos mentais – cópias dos objetos externos que montamos a partir dos estímulos sensoriais que recebemos deles –, a abstração pode ser entendida como um processo mental, portanto real, de geração de representações a partir de representações. Foi esse modelo da abstração que Frege ridicularizou em sua cruzada antipsicologista como uma espécie de "solvente universal" que elimina das representações aquilo que não queremos, deixando só o que nos interessa.

22 E, para Aristóteles, se o matemático afirma, por exemplo, que existem infinitos números, isso só pode ser entendido em termos de um infinito potencial, isto é, da possibilidade ilimitada em princípio de geração de novos números.

são perfeitas. Uma bola é apenas *aproximadamente* uma esfera. Como, então, podemos tratá-la matematicamente *como* uma esfera? Muitas vezes Aristóteles afirma que os objetos reais instanciam *realmente* formas matemáticas *perfeitas*, não apenas esboços imperfeitos delas. Não me parece fácil fazer sentido dessas afirmações; assim, prefiro considerar a abstração aristotélica como uma operação mais complexa que a mera separação em pensamento (ou, melhor ainda, separação lógica[23]) de um aspecto como ele realmente se apresenta no objeto[24].

Como a entendo, a abstração aristotélica, a operação pela qual consideramos objetos e coleções de objetos empíricos *como* objetos matemáticos, comporta também um elemento de *idealização*. Tratar uma bola como uma esfera é uma operação complexa: abstrai-se da bola a sua forma mais ou menos esférica e, simultaneamente, idealiza-se essa forma, isto é, desconsideram-se as diferenças entre ela e a esfera matemática perfeita (determinada pela sua *definição* como um lugar geométrico de pontos espaciais equidistantes de um centro). Uma esfera matemática é, assim, a idealização de um aspecto da bola, e só assim ela existe[25].

E as asserções verdadeiras da matemática, de onde, segundo Aristóteles, elas tiram sua verdade? Também da experiência ou, como queria Platão, da razão? Consideremos este enunciado: a soma dos ângulos internos de um triângulo x qualquer é igual a dois retos. Segundo Aristóteles, a variável x nessa asserção matemática tem por domínio os objetos *sensíveis*, não as formas platônicas ideais, que, como vimos, ele não via como objetos independentes. Assim, da perspectiva aristotélica, o enunciado correto deve ser este: (1) a soma dos ângulos internos de um *objeto triangular* qualquer é igual a dois retos. Ou ainda, equivalentemente: (2)

---

23 Uma separação lógica não é uma separação real, mesmo que apenas no nível das representações, mas tão somente um modo de tratar o objeto, sob um aspecto e não sob outros.

24 Dizer, para efeitos matemáticos, que um segmento tem um certo comprimento quando de fato não tem parece-me o modelo do tratamento matemático do real para Aristóteles.

25 A definição apenas, em nenhum sentido, *cria* qualquer coisa; não é por termos uma definição de um objeto que ele existe.

a soma dos ângulos internos de um *objeto triangular* qualquer, *na medida em que ele é um objeto triangular*, é igual a dois retos.

O acréscimo na versão (2) significa apenas que a propriedade atribuída aos objetos triangulares lhes pertence porque eles são triangulares, ou ainda, que a triangularidade é condição suficiente para que os ângulos internos de qualquer objeto triangular somem dois ângulos retos. Em geral, dizer que um objeto, de uma certa classe, *considerado como um representante dessa classe*, tem uma determinada propriedade significa que esse objeto tem a propriedade que lhe é atribuída, e que, ademais, todos os objetos dessa classe também têm essa propriedade, isto é, pertencer a essa classe é uma propriedade subordinada à propriedade em questão. (1) nos diz que todo objeto triangular tem a propriedade de ter seus ângulos internos somando dois retos, ou, em outras palavras, que a triangularidade é uma propriedade subordinada à propriedade de ter os ângulos internos somando dois retos; (2) diz a mesma coisa acrescentando que os objetos triangulares têm essa propriedade porque são triangulares, isto é, que todo objeto triangular tem a mesma propriedade, o que apenas reforça o já dito. Ou seja, (1) e (2) são, de fato, asserções equivalentes.

Agora, como podemos demonstrar esse teorema (conhecido como o teorema angular de Tales)? Eis como: tomamos um objeto triangular qualquer. Por construções verificamos, empiricamente ou na imaginação, não importa, mas, de algum modo, por constatação *ad oculos*, que os ângulos internos desse objeto somam efetivamente dois retos (considerando que os aspectos matemáticos desse e outros objetos envolvidos nas construções – por exemplo, as formas geométricas e os ângulos – são instâncias perfeitas, não apenas aproximadas, das suas categorias, como caracterizadas pelas suas definições). Note que até aqui mostramos *apenas* que o objeto triangular escolhido tem a propriedade em questão. No entanto, podemos, *por análise das construções levadas a cabo*, verificar que as peculiaridades do objeto escolhido, outras que sua triangularidade *exclusivamente*, não desempenham nenhum papel na demonstração de que o objeto em questão satisfaz a propriedade dos ângulos internos. Logo, por generalização, qualquer outro objeto triangular tem essa mesma propriedade, isto é, a triangularidade está subordinada a ela. Assim, a demonstração do teorema envolve *verificação empírica* (ou, se usamos apenas a imaginação, o esboço mental de uma verificação empírica, que também conta como uma verificação empírica, já que a imaginação, nesse caso, é apenas reprodutiva: o objeto triangular imaginado é a imagem de um objeto real possível) para mostrarmos que um particular objeto tem a propriedade requerida, e *reflexão* ou *análise lógica*, isto é, a razão para fundamentar a generalização[26].

Um empirista radical irá dizer que as verdades da matemática são, como as verdades das ciências empíricas, justificadas por generalização a partir da experiência (*indução enumerativa*). Mas não Aristóteles. Ele admitia a validade do método matemático de sua época, o de demonstrações, em geral construtivas, que estabelecem seus resultados com universalidade e necessidade; assim, apesar de empirista em questões de ontologia – aquelas questões concernentes aos objetos matemáticos –, ele parece admitir um misto de racionalismo e empirismo em questões epistemológicas – as que dizem respeito à verdade matemática.

O tratamento aristotélico da matemática tem como ponto forte a explicação da aplicabilidade da matemática ao mundo empírico, sem a necessidade de apelar, como Platão, para relações de participação entre Ideias e formas e a relação de semelhança entre essas e os objetos empíricos[27]. Para Aristóteles a matemática aplica-se ao mundo sensível simplesmente na medida em que é só uma maneira de falar dele.

---

26   Como veremos mais tarde, se substituirmos a verificação empírica pela verificação no espaço da intuição pura, teremos a análise de Kant da demonstração do teorema angular de Tales.

27   Há ainda um outro aspecto importante, em Platão, na relação entre a matemática e a realidade. Em muitos pontos Platão herda uma concepção pitagórica do mundo, em que a realidade, toda ela, é concebida em termos de estruturas e relações matemáticas. No *Timeu*, por exemplo, Platão nos fornece uma descrição da estrutura da realidade empírica em termos geométricos (o *Timeu* oferece uma teoria *geométrica* da estrutura do mundo, em substituição à teoria *aritmética* dos pitagóricos, resolvendo assim a crise gerada pela descoberta da incomensurabilidade). Por mais que essa descrição seja apenas uma curiosidade do ponto de vista da ciência moderna, Platão não estava, no espírito, tão errado assim; basta lembrar quanto certas propriedades químicas dependem da estrutura *geométrica* das moléculas envolvidas. O importante da cosmogonia platônica, porém, é a ideia de uma ordem geométrica do cosmo. Essa ideia ainda está conosco.

Há um outro aspecto a ser considerado na relação entre a matemática e o pensamento aristotélico. Em geral, a filosofia da matemática não pretende produzir matemática, não se espera de filósofos que demonstrem teoremas ou inventem teorias matemáticas. Mas é óbvio que ideias filosóficas podem influenciar o modo como os matemáticos desenvolvem a sua ciência, e amiúde o fazem de fato. Veremos a seguir, por exemplo, que a criação da matemática intuicionista foi fortemente influenciada por pressupostos filosóficos sobre a natureza do conhecimento. Casos como esse, em que a filosofia de algum modo determina um rumo de desenvolvimento matemático, são muito comuns ao longo de toda a história da matemática, desde Pitágoras. Aristóteles em especial exerceu profunda influência em toda a história da matemática.

Aristóteles e a lógica formal

Aristóteles foi o sistematizador pioneiro da lógica formal, apresentando o que lhe parecia ser um elenco exaustivo das formas válidas de inferência. Uma forma de inferência é um modo de se obter conclusões a partir de pressupostos; uma inferência é (logicamente) *válida* se a veracidade das conclusões depender *apenas* da veracidade dos pressupostos; ela será *formal* se independer do conteúdo (do *que* é dito), mas apenas da forma lógica das asserções (de *como* isso é dito). Por exemplo, se assumo como premissas que todo homem é mortal e que Sócrates é um homem, segue que Sócrates é mortal. A validade dessa inferência não depende em nada dos conceitos de mortalidade e de humanidade, ou de Sócrates em particular, mas apenas da forma das asserções envolvidas. Se nessa inferência substituirmos os termos por variáveis teremos a seguinte forma válida de inferência: se todo A é B, e se x é um A, então x é um B. A silogística aristotélica é um estudo de formas corretas de inferência de um tipo especial, chamadas *silogismos*.

A partir de certo ponto do seu desenvolvimento histórico, por volta de meados do século XIX, a lógica formal sofisticou-se. Privilegiando linguagens simbólicas e ampliando o seu repertório de modos válidos de inferência, ela foi capaz de fornecer um meio ideal de expressão e articulação para as teorias matemáticas, o que a lógica Aristotélica estava longe de poder prover. Quando foi imprescindível refletir matematicamente *sobre* teorias matemáticas formalizadas, a lógica formal transformou-se, ela própria, em objeto matemático, inaugurando um novo domínio da matemática.

A concepção aristotélica de ciência dedutiva

Outro aspecto bastante relevante da influência do pensamento aristotélico no desenvolvimento da ciência em geral, e da matemática em particular, foi a sua concepção mesma de ciência dedutiva. Aristóteles a entendia como um edifício logicamente estruturado de verdades encadeadas em relações de consequência lógica a partir de pressupostos fundamentais não demonstrados[28]. Essa concepção foi exemplarmente realizada em *Os elementos* de Euclides, em que a partir de um conjunto mínimo de axiomas de natureza geral, e postulados específicos, deriva-se todo um corpo de verdades aritméticas e geométricas, se bem que nunca, ou quase nunca, segundo as formas de inferência da silogística aristotélica. Mas isso pouco importa, a organização de *Os elementos* ainda responde a um ideal aristotélico de ciência dedutiva. E esse modelo axiomático-dedutivo viria a ser, ao longo da história, o paradigma de uma teoria científica – não apenas matemática – acabada[29].

---

28 "Aquilo que nós chamamos aqui *saber* é conhecer por meio da demonstração. Por *demonstração* eu entendo o silogismo científico, e eu chamo de *científico* um silogismo cuja posse constitui para nós a ciência. Se então o conhecimento científico consiste nisso que dissemos, é necessário também que a ciência demonstrativa parta de premissas verdadeiras, primeiras, imediatas, mais conhecidas que a conclusão, anteriores a ela, e da qual elas sejam as causas." (Aristóteles, *Segundos Analíticos* I, 2)

29 Os *Elementos* de Euclides talvez não tenham sido o primeiro exemplo de um sistema axiomático-dedutivo em matemática; dois séculos antes dele Hipócrates de Chios – a quem alguns historiadores atribuem a prioridade no uso da *dedução* nas demonstrações matemáticas – havia já escrito o seu *Elementos*, hoje perdido e cujo conteúdo ignoramos. Assim, talvez Euclides não estivesse respondendo a um ideal formulado pela primeira vez por Aristóteles; mas, seja como for, é com Aristóteles que a ciência dedutiva, entendida como um edifício logicamente estruturado sobre bases evidentes, ganha status de modelo ideal e dignidade filosófica.

Aristóteles e a matemática formal

A ideia de uma organização lógica do edifício matemático tornou possível (quando foi possível conceber-se sistemas lógicos puramente formais, isto é, sistemas simbólicos sem interpretação, submetidos apenas a regras sintáticas de manipulação de símbolos) a criação de uma matemática formal, em que se buscam simplesmente as consequências lógicas de certos pressupostos formais[30]. À matemática formal não importam o significado nem a veracidade das asserções, mas apenas as relações formais entre elas. Mas isso não quer dizer que ela seja apenas um jogo formal sem nenhuma intenção cognitiva. Se a matemática formal abre mão de conhecer algo em particular – um domínio específico de interesse matemático –, é apenas para poder conhecer algo em geral, isto é, uma *estrutura formal*. A matemática formal nos fornece precisamente conhecimento formal[31]. Os germes dessa ideia encontram-se na concepção aristotélica de ciência dedutiva e na possibilidade de uma lógica puramente formal, cujos primeiros esboços foram traçados por Aristóteles.

Aristóteles e o infinito

Mas as contribuições de Aristóteles à matemática não param por aí. Devemos-lhe a distinção fundamental entre o infinito atual e o infinito potencial, ou seja, entre a noção de uma totalidade *finita* em que *sempre* cabe mais um indefinidamente – o infinito potencial – e uma totalidade infinita *acabada*. Segundo Aristóteles, aos matemáticos bastava a noção de infinito potencial. Se bem que essa ideia não corresponda à realidade da prática matemática, uma vez que a noção de infinito atual é essencial a muitas teorias matemáticas, ela foi, e ainda é, aceita por muitos matemáticos, que não veem na matemática do infinito senão uma fonte de absurdos e contradições. Poincaré, já no século XX, ainda afirmava que

---

30   Evidentemente, isso precisou esperar até o século XX, quando se firmou a ideia de que teorias matemáticas não precisam ser teorias de nenhum domínio objetivo em particular, mas de todos que compartilham uma certa estrutura formal. Ou seja, teorias matemáticas formais são, na verdade, teorias de formas, não teorias de conteúdos.
31   Essas questões serão discutidas mais detalhadamente no capítulo 5.

o infinito matemático é sempre potencial. O infinito atual recebeu um tratamento matemático apropriado apenas com a teoria dos conjuntos de Cantor, no século XIX, mas essas ideias foram criticadas em seu tempo e, ainda hoje, há quem resista a elas, como os matemáticos de índole construtivista, para os quais nada existe que não possa ser de algum modo construído efetivamente – o que conjuntos atualmente infinitos evidentemente não podem, se, como parece, os conjuntos são construídos a partir de seus elementos.

Aristóteles e as demonstrações por redução ao absurdo

Outras contribuições importantes de Aristóteles para a ciência matemática foram as suas análises de noções metamatemáticas fundamentais, como as de axioma, definição, hipótese e demonstração. Em particular a crítica Aristotélica às demonstrações por absurdo[32], que ele considerava não causais, isto é, não explicativas – sabe-se *que* algo é verdadeiro sem saber *por que* é verdadeiro –, desempenhou, segundo alguns intérpretes (cf. Mancosu, 1996), papel seminal na história da matemática. Demonstrações por redução ao absurdo (para se demonstrar uma qualquer asserção A, supõe-se a falsidade de A e obtém-se como consequência uma falsidade qualquer ou, equivalentemente uma contradição. O que mostra que A não pode ser falsa, sendo, portanto, verdadeira) ocorrem com frequência na matemática grega, em particular no *método de exaustão* de Arquimedes, que envolve uma dupla redução ao absurdo. A introdução de métodos infinitários na matemática do século XVII, em especial com Cavalieri, visava em grande medida substituir demonstrações por exaustão por demonstrações diretas, causais, respondendo assim às demandas aristotélicas.

Alguns autores (Klein, 1968) identificam ainda na crítica de Aristóteles às concepções de Platão sobre a natureza dos entes matemáticos, números em particular, e suas próprias ideias sobre eles, o pano de fundo sobre o qual Euclides apresenta seu tratamento da aritmética em *Os elementos*. Em suma, dificilmente poderíamos encontrar melhor exemplo

---

32 Cf. *Segundos analíticos* I, 26.

que o de Aristóteles da influência da filosofia não apenas na reflexão sobre a matemática, mas no desenvolvimento da própria matemática.

Conclusões

Vamos resumir as filosofias da matemática de Platão e Aristóteles, contrapondo-as:

(a) Para Platão, os objetos matemáticos (números e figuras geométricas) existem independentemente de quaisquer sujeitos e outros objetos; para Aristóteles, os objetos matemáticos (aspectos quantitativos e geométricos do mundo real, objetificados por um processo de abstração idealizante) existem independentemente de um sujeito, mas não de objetos reais (o que os torna objetos deste, não de outro mundo, como acreditava Platão). Num certo sentido ambas as posições são realistas, isto é, reconhecem a existência real dos objetos matemáticos, mas os localizam em domínios radicalmente opostos e lhes dão um distinto sentido de existência. No entanto, para Aristóteles, alguns objetos matemáticos existem apenas como possibilidades, ou ficções, que poderiam existir se efetivamente construídos. Há, para Aristóteles, uma "matemática de cenários possíveis", pronta a dar forma a uma realidade que poderia em princípio existir. Não ocorre a nenhum deles, porém, negar qualquer tipo de existência aos objetos matemáticos, ou dar-lhes o caráter de objetos mentais (a tese psicologista). Para Platão, os objetos matemáticos não devem nada do seu ser a um sujeito; já para Aristóteles, apesar de os objetos matemáticos realmente existentes independerem de um sujeito para existir, ainda assim eles requerem a ação de um sujeito para se "descolarem" do seu suporte material e tornarem-se objetos em sentido pleno[33].

(b) Platão acredita que o conhecimento matemático é puramente intelectual e não requer a participação essencial dos sentidos. Também para Aristóteles o conhecimento matemático é um conhecimento

---

33 Um objeto, em sentido literal, é algo que é posto diante de nós, algo do qual nos tornamos conscientes.

intelectual, porém envolve necessariamente, numa certa medida, os sentidos. Ainda que Platão reconheça o papel dos sentidos nas demonstrações geométricas, esse papel é meramente auxiliar. Cabe-lhes servir como uma espécie de escada para a condução do entendimento – via a relação de semelhança entre formas matemáticas e objetos reais – do real aos domínios próprios da matemática. Já para Aristóteles, sem o concurso dos sentidos não haveria nem sequer como ter acesso aos objetos matemáticos, já que eles são apenas aspectos de objetos reais.

(c) Para Platão, a verdade matemática independe do sujeito e da atividade matemática – essa é a tese do realismo epistemológico. Em larga medida isso também vale para Aristóteles; porém, no que diz respeito aos objetos matemáticos meramente possíveis, a verdade matemática depende *em algum grau* do matemático e de sua atividade: isso caracteriza, a meu ver, uma forma branda de idealismo epistemológico.

(d) Segundo Platão, os objetos matemáticos são objetos ideais (não reais e *a fortiori* não concretos) existindo fora do tempo e do espaço, por oposição aos objetos reais (físicos ou mentais), cujo traço distintivo é a temporalidade. Para Aristóteles, os objetos matemáticos são objetos abstratos (objetos ontologicamente dependentes de outros objetos, numa das acepções desse termo), também em oposição, nesse particular, aos objetos reais, que têm existência independente (os objetos matemáticos simplesmente possíveis são também entidades ideais, porém existem apenas como meras possibilidades).

Poderíamos dar um passo adiante e, extrapolando os limites da letra do texto aristotélico, considerar os objetos matemáticos como *espécies* abstratas[34] (isto é, não concretas, em outra acepção desse ter-

---

34 Tenho usado o termo *abstrato* em dois sentidos distintos, que convém precisar. Por um lado, eu digo que é abstrato o objeto que não é concreto, como são concretos os objetos dos sentidos; por outro, o objeto dependente que só se torna um foco de consciência mediante um processo de abstração que o isola do suporte sem o qual não vive. A cor verde do gramado, por exemplo, é abstrata no segundo sentido, mas não no primeiro. Ela depende da existência da grama para poder existir, mas é, apesar disso, um objeto do sentido. Já o verde como um universal é uma entidade abstrata no primeiro sentido (o verde *in specie* não é uma entidade concreta), mas há quem sustente – os realistas na questão dos universais – que não no segundo (isto é, ela teria, segundo esses, uma existência independente).

mo) cujos espécimes são entidades concretas, ainda que dependentes. Ou tomar simplesmente os objetos matemáticos como a coleção de todas as suas instâncias concretas, como fazem alguns "naturalistas" dos dias atuais (por exemplo, o número 2 como a coleção de todos os pares de objetos reais, sejam eles físicos ou mentais).[35] Mas isso seria forçar as ideias de Aristóteles em moldes anacrônicos.

(e) Para Platão, nós nos tornamos conscientes dos objetos matemáticos por algo semelhante a uma "visão intelectual" (os olhos da alma), ou intuição de caráter matemático, que nos conduz ao reino celeste dos domínios matemáticos. Já para Aristóteles, para intuir ou perceber objetos matemáticos nós precisamos abstraí-los.

Para o realista ontológico que, ademais, acredita que os objetos matemáticos não são objetos deste mundo, um dos problemas mais sérios é exatamente este: como ascendemos aos domínios suprassensíveis da matemática? Conhecido como o "problema do acesso", essa questão é uma pedra no sapato das ontologias realistas não naturalistas. Platão o resolve com a teoria da reminiscência e o pressuposto de que já habitamos um dia, em espírito, esses domínios e já vimos tudo o que lá havia para ser visto. Cabe-nos apenas recordar, talvez auxiliados nesse processo pelas técnicas maiêuticas socráticas. Para Aristóteles, esse problema não existe, uma vez que, para ele, nós literalmente *vemos* os objetos matemáticos, grudados como uma pele aos objetos sensíveis.

Seria de esperar que os filósofos atuais que simpatizam com o realismo ontológico, mas que se recusam a forçar os objetos matemáticos

---

35 O problema ontológico referente aos objetos matemáticos é análogo ao clássico problema dos "universais" (por exemplo, a vermelhidão, aquilo cuja posse ou participação confere às coisas vermelhas a sua cor característica), e são muitos os modos de considerá-los: como entidades existentes em si mesmas, independentemente (realismo Platônico); como entidades reais, mas dependentes, isto é, abstratas num sentido, mas não no outro (o ponto de vista Aristotélico); como conceitos simplesmente (conceptualismo); ou meramente como definições nominais de termos genéricos (nominalismo). Da primeira à última, a existência dos universais degrada-se paulatinamente até a inexistência completa. O naturalismo consiste em tomar o universal, por exemplo, a vermelhidão, simplesmente como a totalidade de todas as coisas vermelhas.

a fixar residência neste mundo – fazendo-os, portanto, inacessíveis aos sentidos – na medida em que não podem lançar mão de uma teoria da reminiscência do tipo platônico, deveriam dedicar especial atenção ao problema do acesso e, consequentemente, fornecer uma boa teoria da intuição (ou percepção) matemática. Veremos a seguir que isso nem sempre ocorre[36].

(f) Para Platão, a matemática se aplica ao mundo real porque esse mundo participa das formas ideais; para Aristóteles, a aplicabilidade da matemática não é um mistério: ela já é uma ciência (racional) de aspectos abstratos do mundo empírico.

Apêndice: Uma abordagem empirista da abstração

Para Aristóteles, como vimos, os objetos matemáticos não existem em sentido pleno (isto é, não existem independentemente). Como as ciências naturais, a matemática lida com objetos reais, mas apenas nos seus aspectos formais, não substanciais. O que Platão tomava por objetos matemáticos ideais, Aristóteles via apenas como aspectos, ou idealizações de aspectos, de objetos reais. Desse ponto de vista, a percepção dos objetos da matemática requer necessariamente um processo de abstração, isto é, a "separação" dos aspectos dos objetos reais suscetíveis de tratamento matemático, como a forma geométrica ou a forma quantitativa.

Há semelhanças entre esse ponto de vista e a filosofia empirista da matemática. Também para os empiristas as asserções matemá-

---

[36] Frege, por exemplo, não parece muito preocupado com o assunto. Gödel também não diz quase nada sobre isso, e outros, como P. Maddy, para evitar o problema, preferem combinar uma perspectiva aristotélica sobre alguns objetos matemáticos, aqueles que cabem no mundo real, com uma boa dose do pragmatismo de Quine, com respeito àqueles objetos matemáticos aos quais não se pode dar um suporte real. (Para Quine, os objetos matemáticos só existem porque precisamos deles para dar conta, da melhor maneira possível, da nossa experiência do mundo, aí incluída a nossa melhor ciência. Essa é a *tese de indispensabilidade*, segundo a qual nos comprometemos com a existência de todos os objetos – matemáticos incluídos – que nossas melhores teorias científicas requerem.)

ticas são invariavelmente sobre objetos reais. Mas, diferentemente de Aristóteles, eles fundamentam a verdade matemática apenas na evidência empírica, de modo estritamente análogo às ciências naturais. Para um empirista, a asserção 2 + 2 = 4 diz apenas que a união de uma coleção de dois objetos e uma coleção, disjunta da primeira, de dois outros objetos resulta numa coleção de quatro objetos, e nós sabemos disso baseados na evidência dos sentidos.

Aristóteles, porém, não proibia que tratássemos os objetos matemáticos *como se* fossem idealidades. No entanto, que sentido propriamente Aristotélico, não Platônico, poderíamos dar a essas idealidades? A resposta depende do processo de *abstração idealizante*: abstrai-se um aspecto formal de um objeto real e, concomitantemente, se o idealiza (isto é, simplesmente se o toma) como um exemplo perfeito de uma definição matemática. Por exemplo, a forma (aproximadamente) esférica de uma bola real, considerada em si, independentemente do seu suporte material, como uma instância perfeita do conceito de esfera, isto é, o lugar de pontos equidistantes de um centro. Esses são os objetos matemáticos ideais, na acepção Aristotélica – não formas ideais preexistentes cujas cópias imperfeitas os objetos reais instanciam como aspectos formais, como em Platão, mas esses aspectos eles mesmos tomados como exemplos perfeitos de definições matemáticas (é esse "tomar como" que constitui a idealização). Para Aristóteles, referir-se a esses objetos *como se* existissem independentemente é apenas um modo de falar sem maiores consequências práticas ou teóricas (se não o levarmos muito a sério).

Mas como entender esse processo de abstração? Como uma química mental que isola a representação de um aspecto da representação da totalidade do objeto (processo tão criticado, por exemplo, por Frege)? Não necessariamente. Podemos também entendê-lo como um processo lógico-linguístico em que a separação não se dá na mente, mas no discurso. Nós abstraímos um aspecto quando falamos dele e lhe atribuímos propriedades. O que se segue é o esboço de uma teoria da abstração no contexto de uma ontologia empirista.

Suponhamos então que só dispomos de objetos reais (denotados por letras latinas minúsculas) e suas propriedades ou aspectos (denotadas por letras latinas maiúsculas). Primeiramente vejamos o que significa tratar um objeto sob um determinado aspecto.

Considerando objetos sob um de seus aspectos: seja a um objeto real e P um seu aspecto. Escrevemos $P(a)$ para dizer que a tem o aspecto P. Consideremos agora a *sob o aspecto P*, isto é, a *como* P (que denotaremos por $a\text{-}P$). Que propriedades podem ser atribuídas a ele? Parece óbvio que apenas aquelas propriedades que cabem a ele, mas que também cabem a todos os objetos que compartilham com ele a propriedade P. Assim:

(i) Dada uma propriedade Q de a: $Q(a\ como\ P) \equiv_{not.} Q(a\text{-}P) \equiv_{df.} Q(a) \wedge (x)(P(x) \to Q(x))$.

Ou seja, uma propriedade de a é uma propriedade de a *como P* se sua atribuição a a depende exclusivamente de P e de nenhum outro aspecto de a. Nesse sentido, tratar um objeto a como um P é considerá-lo sob a óptica de propriedades às quais P está subordinada.

Algumas consequências:

(ii) $P(a) \to P(a\text{-}P)$.

Ou seja, se a tem a propriedade P, então a *como P* também tem essa propriedade. Isso porque P é, obviamente, uma propriedade subordinada a P.

(iii) $Q(a\text{-}P) \wedge P(b) \to Q(b\text{-}P)$.

Demonstração: Como a como P tem a propriedade Q, então todos os objetos que têm o aspecto P também têm a propriedade Q, em particular b. Por (i), b como P também tem a propriedade Q.

Ou seja, *todos* os objetos que têm a propriedade P têm exatamente as mesmas propriedades que só dependem desse aspecto, como era de esperar. Assim, se pudermos mostrar, para um determinado Q que a como P tem a propriedade Q para algum a em particular, então sabemos que Q cabe a *todos* os x *como P*. Isso explica como uma demonstração conduzida sobre um objeto particular pode ter validade universal. (Por exemplo, se mostramos que algo vale para um objeto triangular apenas em virtude de sua triangularidade, então isso também vale para qualquer outro objeto triangular.) Isso nos sugere a seguinte definição, em que consideramos aspectos independentemente de um objeto particular.

Abstraindo aspectos: Seja P um aspecto de objetos reais, a *forma* **P** determinada por P é esse aspecto considerado em si, independentemente de um objeto do qual ele seja um aspecto. Ou melhor, abstrair um aspecto é tomá-lo como um substrato de predicação. As propriedades da forma abstrata **P** são as propriedades objetivas que pertencem a um objeto *porque* ele instancia essa forma como um aspecto. Isto é, se Q é uma possível propriedade de objetos reais, então:

(iv) $Q(\mathbf{P}) \equiv (x)(P(x) \rightarrow Q(x))$.

Ou seja, $Q(\mathbf{P})$ se, e somente se, P é logicamente subordinada a Q. Segue de (iv) que dizer que uma forma **P** tem a propriedade Q equivale a dizer que cada objeto da totalidade dos objetos que satisfazem P (a extensão dessa propriedade) tem a propriedade Q. Isso nos indica que é natural identificar **P** com a extensão de P, como fazem, efetivamente, alguns empiristas. Por exemplo, a *forma* triangular tem a propriedade que os seus ângulos internos somam dois retos, pois todo objeto triangular tem essa propriedade.

Podemos dizer que o aspecto P do objeto *a* é uma *instância* da forma **P** ou que *a participa* dessa forma (na medida em que *apresenta* o aspecto P). Algumas consequências da definição:

(v) $P(\mathbf{P})$. Isto é, a forma determinada por P tem a propriedade P (pois P é subordinada a si própria).

(vi) $Q(\mathbf{P}) \wedge P(a) \rightarrow Q(a\text{-}P)$. Isso segue das definições (i) e (iv).

Dada a identificação natural entre **P** e a extensão de P, propomos a seguinte definição de igualdade de formas:

(vii) (Princípio de extensionalidade para formas): $(\mathbf{P} = \mathbf{Q}) \equiv (x)(P(x) \leftrightarrow Q(x))$;

isto é, duas formas são iguais quando se aplicam a exatamente os mesmos objetos. Consequências:

(viii) $(\mathbf{P} = \mathbf{Q}) \equiv P(\mathbf{Q}) \wedge Q(\mathbf{P})$.
(ix) $R(\mathbf{P}) \wedge (\mathbf{P} = \mathbf{Q}) \Rightarrow R(\mathbf{Q})$.
Demonstração: $(x)(P(x) \longrightarrow R(x)) \wedge (x)(P(x) \leftrightarrow Q(x)) \Rightarrow (x)(Q(x) \longrightarrow R(x))$.
(x) $(\mathbf{P} = \mathbf{Q}) \equiv (x)(R)(R(x\text{-}P) \leftrightarrow R(x\text{-}Q))$
Demonstração: $\Rightarrow$: imediato.
$\Leftarrow$: Suponha $(x)(R)(R(x\text{-}P) \leftrightarrow R(x\text{-}Q))$. Sejam, em particular, R e x tal que $R(x)$; então de $(R(x\text{-}P) \leftrightarrow R(x\text{-}Q))$, isto é, $(R(x) \wedge (y)(P(y) \longrightarrow R(y))) \leftrightarrow (R(x) \wedge (y)(Q(y) \longrightarrow R(y)))$, segue que $(y)(P(y) \longrightarrow R(y)) \leftrightarrow (y)(Q(y) \longrightarrow R(y))$, isto é, $\mathbf{P} \subseteq \mathbf{R} \leftrightarrow \mathbf{Q} \subseteq \mathbf{R}$ (*) Se P é tal que $(y)(\neg P(y))$, então $\mathbf{P} \subseteq \mathbf{R}$ por vacuidade, logo $\mathbf{Q} \subseteq \mathbf{R}$, e, dada a generalidade de R, $(y)(\neg Q(y))$. De modo análogo mostra-se a recíproca; portanto, se P ou Q tem extensões vazias, $(y)(P(y) \leftrightarrow Q(y))$. Suponha agora que P e Q têm, ambos, extensões não vazias e tome $\mathbf{R} = \mathbf{P}$ em(*), então, $\mathbf{Q} \subseteq \mathbf{P}$. Analogamente, tomando-se $\mathbf{R} = \mathbf{Q}$, tem-se que $\mathbf{P} \subseteq \mathbf{Q}$. Portanto, em qualquer caso, $\mathbf{P} = \mathbf{Q}$.

(xi) (Princípio de Leibniz para formas): $(\mathbf{P} = \mathbf{Q}) \equiv (R)(R(\mathbf{P}) \leftrightarrow R(\mathbf{Q}))$. Duas formas são iguais quando, e apenas quando, as mesmas propriedades valem para ambas.

Demonstração: $\Rightarrow$: Suponha $\mathbf{P} = \mathbf{Q}$ e seja R arbitrário. $R(\mathbf{P}) \equiv_{df.} (x)(P(x) \longrightarrow R(x))) \equiv_{hip.} (x)(Q(x) \longrightarrow R(x))) \equiv_{df.} R(\mathbf{Q})$.
$\Leftarrow$: Suponha $(R)(R(\mathbf{P}) \leftrightarrow R(\mathbf{Q}))$. Seja $R = P$; logo, $P(\mathbf{P}) \leftrightarrow P(\mathbf{Q})$. Portanto, por (v), temos $P(\mathbf{Q})$; isto é, $(x)(Q(x) \longrightarrow P(x))$. Analogamente, tomando $R = Q$ temos $(x)(P(x) \longrightarrow Q(x))$. Portanto, $(x)(P(x) \leftrightarrow Q(x))$; ou seja, $\mathbf{P} = \mathbf{Q}$.

Um exemplo aritmético: tomemos coleções de objetos reais como nossos objetos de base. Estipulemos que a proposição $\mathbf{n}(a)$ diz que a coleção a tem n elementos. É *evidente* que se $\mathbf{4}(a)$, para uma particular coleção a, então a pode ser decomposta (em pensamento, não realmente, por meio de operações reais) em duas coleções complementares b e c tais que $\mathbf{2}(b)$ e $\mathbf{2}(c)$, e reciprocamente. Nós simplesmente *vemos* isso. Essa decomposição, evidentemente, não depende de *quais* são os elementos de a, mas apenas de *quantos* eles são. Afinal, se variarmos arbitrariamente a natureza, mas não a quantidade desses elementos, ainda assim essa decomposição pode ser realizada (essa evidência pode ser entendida como uma intuição formal). Portanto, dada qualquer coleção de objetos x, x tem quatro objetos se, e apenas se, existem coleções y e z, cada uma com dois elementos, mas sem nenhum elemento em comum, cuja união é igual a x. Um outro modo de escrever isso é simplesmente $4 = 2 + 2$. Essa asserção, que aparentemente se refere a objetos ideais – isto é, números –, é apenas a abreviação da proposição geral acima, que se refere somente a coleções de objetos reais. Assim, uma asserção matemática pode ser vista como a generalização de uma asserção empírica, não baseada na mera indução enumerativa, porém, mas numa intuição formal. Dada *qualquer* coleção b tal que $4(b)$, nós sabemos que b pode ser decomposta na união disjunta de duas coleções c e d tais que $2(c)$ e $2(d)$, pois essa propriedade depende apenas de b como 4. Nessa perspectiva, a igualdade aritmética $2 + 2 = 4$, que se refere a coleções de objetos reais, é justificada, em parte, pela evidência empírica e, em parte, por uma intuição formal.

O empirista inglês John Stuart Mill (1806–1873) tinha posições dessa natureza sobre a natureza do conhecimento matemático, com a ressalva, porém, de que ele não admitia outra base para a generalização matemática que a indução enumerativa, a mera força do acúmulo de evidências particulares. Ele não aceitava – e veremos logo mais porque – que a validade de asserções gerais pudesse estar fundada numa intuição ou principio formal.

Uma conhecida crítica da filosofia empirista da matemática foi formulada por Frege. Segundo ele, se os numerais referem-se apenas a aspectos de coleções concretas, como é possível numerar coleções de objetos imaginários? Afinal, parece claro que 2 anjos + 2 cavalos alados = 4 seres com asas. Há uma solução possível para esse dilema. Mesmo que anjos ou cavalos alados não existam nesse mundo, posso pensá-los; essas ideias ou representações são objetos reais contidos na minha mente e, portanto, contáveis. Claro que teríamos antes que encontrar um bom critério de identidade para objetos mentais, pois só podemos contar o que podemos distinguir, e só sabemos distinguir se soubermos identificar (e essa tarefa pode se tornar impossível se entendermos que critérios não podem ser aplicados privadamente, pois, nesse caso, não existiria uma instância independente que julgasse a *correção* da aplicação do critério). Não obstante a solução que possamos apresentar para esses problemas, não há como justificar empiricamente a existência de infinitos números, uma vez que há apenas um número finito de objetos reais. Essa é uma limitação intransponível da tese empirista sobre a natureza dos objetos matemáticos (a menos que nosso empirista acredite na infinidade do mundo real – uma tese impossível de ser empiricamente justificada –, ou, como Aristóteles, esteja disposto a admitir números apenas possíveis).

Há, porém, problemas mais graves para a filosofia empirista da matemática. Acredita-se que as proposições matemáticas, ao contrário das asserções empíricas, sejam *universais* e *necessárias* (a universalidade, na verdade, é consequência da necessidade, pois se uma verdade é necessária, ela não conhece exceção). Porém, um filósofo empirista deve negar isso, contra nossa disposição natural de salvaguardar as asserções matemáticas da falsificação pela evidência empírica. Se uma particular experiência parece contrariar que $2 + 2 = 4$, nós vamos naturalmente achar que estamos contando errado, que fomos enganados pelas aparências ou que não mantivemos constante nossa unidade de contagem, não que a aritmética tenha que ser reescrita. Por que, então, o empirista insiste em ferir o que parece sólido bom senso e não aceita o modelo que expusemos acima, em que a universalidade do enunciado matemático se impõe por uma intuição formal? Obviamente, porque não pode, pelo menos se for um empirista clássico. Os empiristas ditos lógicos (o empirismo lógico floresceu particularmente entre os filósofos do Círculo de Viena no princípio do século XX) tinham uma saída para o dilema. Eles aceitavam o caráter *a priori*, isto é, independente da experiência, necessário e universal, da matemática. Mas, para isso, extraíam dela qualquer conteúdo empírico. Para eles, a matemática era *analítica*, isto é, suas asserções nada mais eram que consequências lógicas de definições, que, por sua vez, eram estipulações de significado para termos matemáticos. Segundo eles, a veracidade de uma asserção matemática não se deve ao *fato* de que determinados objetos (reais ou ideais) tenham tal ou qual propriedade, mas ao *significado* dos termos ou conceitos envolvidos na asserção.

Num exemplo não matemático, "Chove ou não chove" é uma asserção sempre verdadeira sobre o mundo por causa do significado das partículas "ou" e "não", não devido a peculiaridades atmosféricas[37]. O empirista clássico, porém, acredita que as asserções matemáticas são asserções com conteúdo informativo sobre o mundo empírico. Acima, nós tentamos explicar como a generalidade dessas asserções pode ser racionalmente justificada: simplesmente constatando, por reflexão, que as verdades particulares demonstradas não dependem do particular objeto a que essas verdades se referem. Mas, como nós *podemos* saber isso? Como podemos *garantir*, por exemplo, que a propriedade dos ângulos internos, que no exemplo sobre o qual efetuamos a demonstração do teorema de Tales não era afetada pelo tamanho dos lados, será *sempre* independente desse fato, mesmo em triângulos de proporções astronômicas[38]? O fato é que o empirista clássico não tem como garantir isso, que só se pode garantir sob um pressuposto transcendental que condicione qualquer experiência possível. Ou seja, devemos acatar algum princípio que garanta que em *nenhum* objeto triangular que possamos encontrar o tamanho dos lados influencia a valor da soma dos ângulos internos. Como o empirista não tem como justificar tal princípio, ele não tem outra escolha senão renunciar à universalidade, e necessidade, da verdade matemática e dar-lhe o mesmo *status* que outras verdades empíricas: particular e contingente.

Também em Aristóteles o elemento transcendental (que garante o caráter universal e necessário de certos traços da experiência

---

37 Mill distinguia entre proposições *verbais* e proposições *reais*: as primeiras, se verdadeiras, o são apenas em razão do significado das palavras envolvidas; as segundas, em razão do estado do mundo. Mill, no entanto, acreditava que as proposições matemáticas eram *reais*.
38 Ironicamente, para a ciência contemporânea a propriedade dos ângulos internos *depende* efetivamente do objeto triangular considerado. Se esse objeto estiver sob a ação de um campo gravitacional intenso, a soma dos seus ângulos internos *não* será igual a dois retos. A teoria geral da relatividade não acata a validade *a priori* da geometria euclidiana; contrariamente, ela faz a geometria do espaço depender da distribuição de matéria e energia. Assim, o que quer que seja que nos *imponha* a validade universal da geometria euclidiana (como uma intuição ou princípio formal) deve já estar dominado por ela.

empírica) está ausente, ou pelo menos não é explicitado. Mas como Aristóteles também não assume todas as consequências da postura empirista, o seu tratamento híbrido da verdade matemática é, a meu ver, logicamente mais deficiente que o empirismo clássico.

Em Kant o elemento transcendental irá aflorar completamente; para ele, a universalidade das asserções matemáticas, puras ou aplicadas, está garantida *a priori* pela forma *necessária* de qualquer experiência possível. Platão, como um racionalista, está fora dessa discussão. Para ele, a necessidade, universalidade e aprioricidade da verdade matemática eram garantidas por outros meios. Mas o empirista não pode admitir elementos transcendentais (como em Kant) ou transcendentes (como em Platão) imiscuindo-se na experiência. Para ele, para o bem ou para o mal, a generalidade matemática em nada difere da generalidade das ciências empíricas, sempre sujeita a revisão em face de evidências novas. E esse é um argumento importante contra as teses empiristas clássicas, ao menos para aqueles que se recusam a abandonar certas "intuições" pré-críticas sobre a natureza do conhecimento matemático[39].

O platonismo: prós e contras

Além do platonismo propriamente dito, isto é a doutrina de Platão, há várias versões de "platonismo" em filosofia da matemática, assim chamadas por compartilharem algumas, ainda que não todas, as ideias originais de Platão. São platonistas em suma as filosofias *realistas* de algum modo, em ontologia ou epistemologia. A atração que essas filosofias exercem explica-se por suas óbvias vantagens. Vejamos algumas.

a) Na perspectiva platonista a matemática é uma ciência objetiva. Para o platonista a matemática explora certos domínios abstratos (isto é, não concretos) de existência, assim como as ciências empíricas exploram domínios concretos. Isso de alguma forma justifica uma persistente

---

[39] No entanto, há quem nos dias de hoje ainda tente desenvolver uma filosofia empirista da matemática contrária ao apriorismo que perpassa boa parte de outras alternativas filosóficas. Ver, por exemplo, Philip Kitcher (1983).

crença "ingênua" de todo o matemático: que ele investiga realidades objetivas e busca verdades que estão aí para serem descobertas. Na perspectiva platonista o matemático não cria, mas descobre.

b) O platonista tem uma teoria "natural" da verdade matemática e uma semântica também "natural" dos enunciados matemáticos. Uma asserção matemática é verdadeira na medida em que corresponde à realidade matemática como ela de fato é (a verdade como a correspondência adequada do enunciado com a realidade objetiva), e termos matemáticos denotam objetos matemáticos independentemente existentes. Filósofos de orientação construtivista ou formalista, por oposição, têm o ônus de inventar semânticas razoáveis para os enunciados matemáticos (ou justificar a não necessidade delas) e interpretações palatáveis da noção de verdade matemática, quase sempre com resultados aquém do desejado.

c) Para o platonista os enunciados matemáticos têm um valor de verdade (verdadeiro ou falso, mas não ambos) determinado de uma vez por todas, mesmo que não saibamos qual deles. Isso garante o seu otimismo epistemológico; para ele, os problemas matemáticos são, todos, em princípio solúveis. Talvez o conhecimento matemático disponível num certo momento não seja suficiente para que se possa dar conta de todas as questões matemáticas naquele momento, mas o platonista crê que o desenvolvimento da matemática oferecerá eventualmente respostas a todas as questões que se possam formular (simplesmente porque essas respostas já estão em si determinadas).

d) Para o platonismo a matemática é uma ciência *a priori*, isto é, independente da experiência, o que está de acordo com nosso modo "natural" de vê-la.

e) Os platonistas admitem um equivalente intelectual da percepção sensível que dá conta da experiência do *insight* matemático (que podemos chamar de intuição matemática em sentido ordinário). Para o platonista o momento em que dizemos, em contexto matemático, "sim, agora eu vejo!" é efetivamente um momento em que "vejo" algo, ainda que esse ver se dê com os olhos da mente, não com os olhos do rosto. (Platão diria que esse é um momento de reminiscência, em que a alma recupera um conhecimento esquecido.)

f) O platonista não impõe nenhuma restrição aos métodos usuais de definição e demonstração matemáticas. Se as asserções matemáticas têm um valor de verdade definido, ainda que desconhecido, faz sentido, por exemplo, afirmar o *princípio do terceiro excluído*, isto é, que toda asserção matemática é ou verdadeira ou falsa, sem uma terceira possibilidade. Assim, estamos justificados em usar esse princípio, ou qualquer outro que lhe seja equivalente (como o *princípio da dupla negação*: negar duas vezes é equivalente a afirmar) nas demonstrações matemáticas. Por sua vez, filósofos não platonistas, como os intuicionistas – para os quais só faz sentido afirmar que uma asserção tem um valor definido de verdade se estivermos em condições de demonstrá-la, ou a sua negação –, estão impedidos de usar o princípio do terceiro excluído irrestritamente, pois não é o caso de podermos demonstrar a veracidade ou falsidade de qualquer asserção matemática dada.

Não há, ademais, restrições às *definições impredicativas*. Expliquemo-nos. Algumas definições matemáticas definem um objeto em termos de uma coleção de objetos que contém, ou de alguma forma pressupõe o objeto definido. Por exemplo, se definimos um elemento *maximal* de um conjunto como qualquer elemento desse conjunto que não é menor que nenhum outro, definimos esses objetos em termos de um conjunto que os contém; se definimos um conjunto R como o conjunto de todos os conjuntos que não pertencem a si próprios[40] ($R = \{x : x \notin x\}$) definimos R em termos da coleção de todos os conjuntos, e essa coleção contém o conjunto definido (se ele de fato existe). Essas são, assim, definições impredicativas (as definições não impredicativas são ditas *predicativas*).

Pois bem, se entendemos que as definições de alguma forma *criam* os objetos que definem, ao contrário dos platonistas que creem que elas apenas os singularizam, uma vez que os objetos matemáticos existem independentemente, então as definições impredicativas envolvem um círculo vicioso: o objeto definido só existe em virtude

---

40 Em princípio parece fazer sentido dizer que um conjunto não pertence a si próprio; por exemplo, o conjunto dos homens não é um homem.

de uma definição que, por sua vez, só faz sentido se esse objeto já existir, já que essa definição pressupõe a existência desse objeto[41]. Considere os exemplos citados antes. Não há, aparentemente, nenhum problema em definirmos elementos maximais como o fizemos, já que essa definição apenas caracteriza alguns elementos de um conjunto por uma propriedade que só a eles cabe. A definição não cria quaisquer elementos, que existem todos independentemente da definição (essa é a perspectiva platonista). Os antiplatonistas que vêm definições como atos de criação concordam que, nesse caso, talvez as coisas se passem assim – se supusermos que o conjunto em pauta já havia sido construído anteriormente –, mas discordam em geral. Segundo eles, definições impredicativas não são apenas ilegítimas, mas francamente absurdas e possíveis fontes de paradoxos. Vejamos um exemplo. Se perguntarmos se o conjunto R descrito anteriormente pertence ou não a si próprio, concluiremos que pertence desde que não pertença, e vice-versa, um absurdo (esse é o chamado paradoxo de Russell que, como veremos adiante, pôs em ruínas o projeto logicista de Frege). Isso mostra, creem os construtivistas, que as definições impredicativas devem ser evitadas em geral.

Os platonistas, por sua vez, não precisam creditar o paradoxo de Russell à impredicatividade, pois podem imputá-lo ao absurdo implícito na definição do conjunto R. Se os conjuntos não podem pertencer a si próprios, como um fato do universo dos conjuntos, então o paradoxo de Russell é simplesmente a redução ao absurdo da hipótese de que o conjunto R exista nesse universo. Alguns filósofos e matemáticos, como Poincaré e o próprio Russell, viam na impredicatividade a fonte por excelência dos paradoxos do período da crise dos fundamentos (o aparecimento desses paradoxos, o de Russell e vários outros, foi o próprio estopim da crise, como já dissemos). Por isso queriam excluir da matemática as definições impredicativas. Já

---

[41] Para uma discussão crítica detalhada do princípio do círculo vicioso de Russell, ou Poincaré-Russell, como ficou conhecida a restrição às definições impredicativas, veja "Russell's Mathematical Logic" de Gödel, em Benacerraf & Putnam, 1983, p.447-469.

os platonistas não veem motivos para tanto, e têm suas próprias interpretações para os paradoxos (por meio de critérios de significação, por exemplo, que excluem definições circulares problemáticas, como algumas definições impredicativas).

De modo geral, os platonistas admitem todos os métodos não construtivos em matemática. Em particular, a teoria dos conjuntos em toda a sua força. Pode-se mostrar que essa teoria criada por Cantor – ou melhor, suas modernas versões formais – são suficientes para se desenvolver quase toda a matemática que se conhece. Isso coloca a teoria de conjuntos em lugar de destaque na matemática moderna. Ora, muitos dos métodos conjuntistas são ferozmente não construtivos – admite-se a existência de conjuntos para os quais não se conhece nenhum "processo de montagem" ou caracterização.

Muitos teoremas matemáticos, por exemplo, dependem do chamado axioma da escolha (alguns são na verdade equivalentes a esse axioma). Ele nos garante a existência de um conjunto que compartilha exatamente um elemento com cada um dos conjuntos de uma coleção qualquer (não vazia) de conjuntos (não vazios) dada. Para o platonista, esse axioma não coloca problema algum, visto que, para ele, esse "conjunto escolha" já existe. Na verdade, todos os conjuntos que a teoria pressupõe já existem, uma vez que a teoria dos conjuntos apenas descreve um domínio preexistente de conjuntos. Já o filósofo construtivista, para o qual um conjunto só existe se tivermos como construí-lo (isto é, "montá-lo")[42], só pode admitir versões restritas do axioma da escolha. Infelizmente isso não basta à matemática. E, ironicamente, esse filósofo não tem outra escolha senão abrir mão de partes substanciais da matemática tradicional ou "clássica".

Apesar de ser um paraíso do ponto de vista matemático, do ponto de vista filosófico a perspectiva platonista coloca problemas sérios. O primeiro é identificar o *locus* das entidades matemáticas. Onde

---

42 Os construtivistas em teoria de conjuntos tratam os conjuntos como os geômetras gregos tratavam as figuras geométricas, como construções. O modo de falar construtivista, que parecia inadequado a Platão, que precisamente não via os objetos da geometria como *constructos*, é, *ipso facto*, perfeitamente adequado aos construtivistas.

afinal fica esse "lugar celeste" no qual os objetos matemáticos habitam? Se esse não é um *locus* natural – pois como poderia sê-lo? – então, ou estamos de volta ao reino Platônico das formas e Ideias ou, se levamos a sério a paixão filosófica pelo incondicionado, devemos mostrar como os domínios matemáticos se constituem (talvez no contexto cultural?). Outro problema, quiçá ainda mais importante, é aquele do acesso. Como podemos ascender ao habitat dos objetos matemáticos? Ou, equivalentemente, como dar conta da intuição ou percepção matemática? Quando um sujeito A percebe, por meio dos sentidos, um objeto B do mundo físico, há uma relação *causal* entre a percepção de B por A e B ele próprio que explica a percepção de B (e não outro objeto) por A. Que relação há entre a percepção de um objeto matemático e esse objeto, já que relações causais estão fora de questão? Em que sentido uma entidade matemática é responsável pela sua percepção? Ou ainda, como podemos nem sequer nos *referir* a entidades abstratas que não podem, precisamente por serem abstratas, agir sobre nossos sentidos?

Outros platonismos

Não obstante as dificuldades que levanta, o platonismo tem atrativos suficientes para fazer-se moderno. Ele é, ainda hoje, uma opção em filosofia da matemática sem dificuldades para arregimentar adeptos, especialmente entre os matemáticos. O austríaco Kurt Gödel, responsável por alguns dos mais importantes resultados da Lógica Matemática do século XX, por exemplo, foi um platonista da velha escola. Como Platão, Gödel acreditava na existência independente de formas matemáticas, que ele identificava aos conceitos matemáticos, como os de conjunto, número real, grupo etc. Gödel era um realista conceitual, que acreditava na existência independente dos conceitos matemáticos. Acreditava também num poder da mente de intuir, perceber, esses conceitos. Talvez essa percepção, acreditava Gödel, não seja sempre meridianamente clara, assim como é frequentemente enganosa e obscura a percepção sensível, mas ambas são sempre capazes de serem aperfeiçoadas por novas apreensões perceptivas.

Segundo Gödel, nós não temos menos razões para acreditar num domínio matemático independente do que num mundo físico independente. Afinal, tanto um quanto outro são indispensáveis para darmos conta das nossas experiências. Esse argumento fez escola, e é às vezes chamado de *argumento de indispensabilidade*. Ele nos garante, em poucas palavras, que se nós só podemos explicar nossa experiência do mundo apelando para certos objetos ou conceitos, ainda que abstratos, como os matemáticos, esses objetos e conceitos existem. O argumento admite uma versão pragmática mais branda (por exemplo, em Quine): se a *melhor* explicação da experiência requer certas entidades, elas existem (ao menos até encontrarmos explicações ainda melhores que não as pressuponham)[43].

Gödel levava a analogia entre intuição matemática e percepção sensível tão a sério que chegou a conjeturar a existência de um órgão físico, localizado segundo ele no cérebro junto aos centros da fala, responsável pela percepção matemática. Isso resolveria, claro, o problema de acesso, mas nem o próprio Gödel insistiu muito nessa sugestão.

Cantor foi outro grande matemático que não teve pudores anti-platonistas. O sistema acavalado de grandezas infinitas que sua teoria de conjuntos propõe ancorava-se na crença francamente mística de que os conjuntos, não importa quão infinitamente imensos, residem todos, acabados, na mente de Deus. Cantor via-se como um explorador desse território divino, e quando sua teoria encontrou forte resistência nos meios acadêmicos alemães da época (Kronecker, em particular, não poupou esforços em sua cruzada contra Cantor, prejudicando-lhe inclusive a carreira acadêmica), Cantor voltou-se para os teólogos, pois achava verdadeiramente que a teoria de conjuntos que criara tinha algo a dizer sobre distinções teológicas sutis, como entre a infinitude absoluta, atributo exclusivo de Deus, e a mera transfinitude, de que cuidava a sua teoria.

Leibniz, como veremos a seguir, foi também platonista. Ele acreditava na independência das noções matemáticas, e, como bom

---

43 Uma discussão detalhada do argumento de indispensabilidade pode ser encontrada em Colyvan (2001).

cristão, resolveu o problema do *locus* dessas entidades colocando-as, primeiramente, na mente de Deus, de onde migram, pela graça divina, para as nossas. Assim, nós já nascemos providos de uma série de noções comuns, entre elas as noções matemáticas. Isso garante o caráter inato do conhecimento matemático, mas não sua imediata disponibilidade. Nós temos que refletir sobre essas noções para trazermos à luz da consciência as verdades que lhes cabem. Esse processo, como reconhece o próprio Leibniz, nada é além da conhecida reminiscência platônica. O fato é que, para o racionalista Leibniz, essa reminiscência precisa apenas da luz da razão, nada devendo aos sentidos – para ele, o conhecimento matemático é *a priori*.

Uma versão recente do platonismo é o *estruturalismo* (cf. Shapiro, 1997), assim chamado por propor não a existência de objetos matemáticos (números, conjuntos e outros), mas de *estruturas* matemáticas, esquemas relacionais vazios que podem ser "preenchidos" por quaisquer objetos em princípio. Esse estruturalismo é em parte uma resposta ao seguinte argumento de Benacerraf[44]: se os números são objetos que existem efetivamente, como querem os realistas ontológicos, então – dado que a aritmética pode ser reduzida à teoria dos conjuntos (e com ela também a sua ontologia) – faz sentido perguntar que conjuntos correspondem aos – ou simplesmente são os – números. Como essa pergunta não admite uma *única* resposta, uma vez que os números *podem* ser diferentes tipos de conjuntos[45], conclui Benacerraf, os números não são objetos.

Errado, diz Shapiro, esse argumento apenas mostra que os números não são objetos *desse* tipo. O que não quer dizer que não possam ser objetos de *outro* tipo. De fato, os estruturalistas acreditam que números são objetos puramente formais, ou melhor, puras formas de objetos caracterizados apenas por suas relações

---

44 Cf. "What numbers could not be", de Paul Benacerraf, em Benacerraf & Putnam (1983, p.272-94).
45 Temos pelo menos duas escolhas: 0=∅, 1={∅}, 2={{∅}} etc.; ou 0=∅, 1={∅}, 2={∅, {∅}} etc., onde ∅ representa o conjunto vazio (sem elementos).

com outras formas do mesmo tipo. Mais especificamente, eles são *posições* numa estrutura matemática, a série discreta e infinita que começa com uma primeira posição (vazia de conteúdo), é seguida por outra posição vazia, e assim indefinidamente. Chamemos essa sequência de sequência-ω. Ela é algo assim: • • • •..., em que cada • denota um posto vazio, uma vaga numa fila de vagas. Os números são identificados com essas vagas, e a aritmética é entendida como a ciência dessa estrutura de vagas, a sequência-ω. E algo similar vale em geral para toda a matemática; a geometria é o estudo de estruturas espaciais; a topologia, de estruturas topológicas; e assim por diante. São essas estruturas os verdadeiros "objetos" matemáticos, que o platonista ainda vê como existentes em si próprios, disponíveis ao nosso escrutínio etc.

Claro que a mera mudança de foco, dos objetos para a estrutura, não resolve o problema epistemológico do acesso ou a questão do *locus* dos entes matemáticos, o estruturalismo é ainda uma forma de platonismo (pelo menos no enfoque de Shapiro). Mas ele pelo menos oferece ao platonista algumas vias promissoras para tratar dessas questões, já que podemos pensar, por exemplo, que ascendemos às estruturas por algum processo de abstração, idealização[46] ou reconhecimento de padrões. Na verdade, pensar os entes matemáticos como estruturas, e estas como entidades independentes, está próximo de uma mistura de platonismo e aristotelismo. Estruturas são formas em sentido aristotélico (meros invólucros "recheados" por substância) existindo como formas em sentido platônico. Tanto essas formas quanto as estruturas são "insaturadas", já que são continentes sem conteúdo, enquanto objetos, por oposição, são "saturados", já que são formas com conteúdo.

O problema do acesso tem recebido diversas respostas nas filosofias modernas da matemática que, de uma forma ou de outra,

---

46 Esses processos, entendidos quer como processos mentais, quer como processos lógicos, podem ser vistos quer como meios de *produção* de entidades abstratas – como nós os entendemos acima no apêndice sobre a abstração em chave empirista –, quer – no caso dos platonistas – como meios de *reconhecimento* de entidades preexistentes.

admitem a existência de objetos matemáticos, sejam eles de que espécie forem. Maddy (1990), por exemplo, crê que alguns desses objetos são concretos e perceptíveis pelos sentidos, outros existem apenas no contexto de nossas teorias, como certas entidades da física teórica (neutrinos, por exemplo), dando sua contribuição às nossas melhores explicações da experiência (ponto de vista compartilhado com Putnam e com laços de família com Quine). Essa postura, como é óbvio, tem um viés aristotélico, pois, para Aristóteles, como vimos, algumas formas matemáticas encarnam-se em objetos físicos, mas outras têm apenas uma existência mais ou menos fictícia como meras possibilidades.

As maiores vantagens do platonismo são, como vimos, a conservação da matemática como praticada e a justificação de nossa visão "ingênua" sobre sua natureza. Mas deveria ou poderia uma filosofia da matemática partir desses pressupostos, que a matemática é intocável e nossas opiniões pré-críticas sobre ela dignas de serem preservadas? Uma filosofia da matemática que não nos obrigue a abrir mão de partes da matemática (em particular se essas forem as melhores partes) é obviamente desejável, mas seria isso consistente com o papel da filosofia da matemática? Afinal, cabe à filosofia *criticar* a matemática da perspectiva de um suposto "tribunal da razão", ou, contrariamente, apenas *interpretá-la* e apontar seu papel no esquema geral do conhecimento humano? Para a filosofia da matemática, a matemática como praticada é um dado ou cabe-lhe antes decidir sobre a validade dessa prática? Ambas as posições têm, como veremos, seus defensores. Há filósofos que acreditam que não compete à filosofia ditar regras ao matemático, mas apenas interpretar o que ele faz. Uma teoria do conhecimento que não dê conta da matemática como ela é praticada, eles creem, simplesmente não é uma boa teoria. Mas há também os que acreditam que a matemática não tem o monopólio da razão e pode ser criticada e corrigida de fora, em particular de uma perspectiva filosófica. Essas filosofias revisionistas originaram-se, algumas, mas não todas, no período da crise dos fundamentos, quando parecia não apenas desejável, mas urgente, uma revisão crítica das práticas e métodos da matemática.

O construtivismo em filosofia da matemática – o intuicionismo, em particular – e o formalismo hilbertiano, desenvolvido em larga medida como resposta ao intuicionismo, em maior ou menor medida implicam numa renúncia da matemática como praticada. O primeiro por escolha própria, apoiado numa rígida concepção de verdade e significado em matemática, o segundo à sua revelia, como consequência das limitações ao formalismo impostas pelos teoremas de Gödel[47]. O construtivismo kantiano, por sua vez, impõe restrições à prática matemática como um preço a pagar pelo fim da metafísica e teologia dogmáticas. Para Kant, a crítica do conhecimento, portanto, a filosofia, tem o direito de limitar as práticas matemáticas.

E é para Kant que iremos dirigir a nossa atenção a seguir (com um prelúdio sobre a situação da matemática no século XVII e a filosofia de Leibniz). Esse salto de tantos séculos se explica. Até o começo da Idade Moderna a matemática era ainda essencialmente grega, apesar da criação da álgebra pelos árabes (o próprio Descartes foi, em grande medida, um geômetra à moda antiga – mesmo na sua Geometria Analítica, cujas raízes são gregas). Também em filosofia a influência dos gregos era tão grande que abria parcas possibilidades para o aparecimento de uma filosofia da matemática extremamente original, que só vai surgir com Kant precisamente. Kant foi o primeiro pensador depois dos gregos a permitir modos radicalmente novos de se conceber os domínios matemáticos, transportando-os dos mundos natural ou supranatural onde Aristóteles e Platão o colocaram para o interior do intelecto humano.

---

47 Um dos teoremas de Gödel, descobertos na década de 30 do século XX, implica que não se pode em geral demonstrar todas as verdades de uma teoria matemática numa versão formal consistente dessa teoria. O que solapa a tentativa formalista de *definir* a noção de verdade matemática pela noção de demonstrabilidade formal. Se o formalista insistir nessa tentativa, terá que desistir de algumas verdades.

Assim como Copérnico subverteu o cosmos grego, descentrando-
-o, Kant mudou o foco a partir do qual se considera a questão do
conhecimento humano, em particular o conhecimento matemático,
reservando ao sujeito um papel central no processo.

E como eu creio que o pensamento de Kant, ao menos como
quero apresentá-lo aqui, pode ser mais bem apreciado em contraste
com o de Leibniz, é por meio desse que nos aproximaremos daquele.

2
LEIBNIZ E KANT

Prólogo: a revolução matemática do século XVII

A matemática dos antigos gregos já estava bastante modificada, em conteúdo, métodos e, principalmente, espírito no começo da Idade Moderna. Novas ciências, como a álgebra, haviam surgido e as disciplinas tradicionais, geometria e aritmética, tinham se desenvolvido consideravelmente. Porém, do ponto de vista filosófico, o que mais chama a atenção nessa época são a crescente autonomia do simbolismo matemático e as novas concepções de número germinadas nos domínios da álgebra, além de uma inusitada disposição dos matemáticos para se envolveram com o infinito sob diversas formas.

A partir de Diofanto, no fim da Antiguidade, e dos algebristas árabes, na Idade Média, a notação algébrica (no princípio apenas uma forma abreviada da linguagem discursiva usual) irá se constituir num sistema simbólico bastante flexível, capaz de expressar em sinais os termos numéricos (incógnitas e parâmetros) e as operações às quais as quantidades denotadas por esses termos estão submetidas. Concomitantemente, as técnicas árabes de resolução de equações – a *al-jabr* (de onde se originou o termo "álgebra") ou *preenchimento* (que consistia em eliminar os termos a serem subtraídos de um membro da equação por adição a ambos os membros de termos iguais) e a *al-*

-*muqabala* ou *balanceamento* (que consistia na redução dos termos iguais de ambos os membros de uma equação) – irão progredir até as técnicas mais sofisticadas dos algebristas italianos do século XVI (Scipione del Ferro, Tartaglia, Cardano, Bombelli) – que, basicamente, inventaram métodos para reduzir equações a formas canônicas e expressar as raízes dessas equações canônicas em termos de operações algébricas sobre os seus coeficientes. Desse modo, o procedimento de resolução de equações torna-se pouco a pouco um processo mecânico de manipulação de símbolos. Estão criadas as condições para que o simbolismo algébrico adquira uma espécie de vida própria, gerando os seus próprios conceitos.

Certas fórmulas e procedimentos gerais para a resolução de determinadas equações (por exemplo, a fórmula de Scipione del Ferro ou a técnica de Cardano para resolver equações do terceiro grau do tipo $x^3 + mx = n$, com m e n positivos), em alguns casos, dão origem a expressões simbólicas àquela época sem significado, como, por exemplo, raízes quadradas de números negativos. Como a raiz quadrada de um número é entendida por eles como a média proporcional entre esse número e a unidade, não podemos extrair raízes quadradas de números negativos. Entretanto, alguns algebristas (em particular Bombelli, mas também Cardano) passaram a tratar números negativos e suas raízes quadradas (que denominamos atualmente de números *imaginários*), até então nada além de símbolos sem sentido, como números de pleno direito. Bombelli chegou a fornecer a regra operatória $i.(-i) = +1$, onde $i = \sqrt{-1}$. Esse foi um momento importante não apenas na história da extensão do conceito de número, mas na constituição da concepção moderna de matemática.

Esses matemáticos, evidentemente, não agiram assim pelo simples prazer de transgredir o bom-senso, enfeitiçados pelo simbolismo, mas porque isso trazia vantagens *matemáticas*. Bombelli, por exemplo, com o auxílio dos novos conceitos numéricos, foi capaz de mostrar que a fórmula de Scipione del Ferro podia ser estendida e generalizada. Era como se o próprio formalismo requeresse essa extensão. Nesse ato aparentemente banal em que o simbolismo matemático clama pela sua autonomia são criados números que não mais correspondem a uma particularização do conceito de quantidade[1], mas respondem apenas à razão formal. Se um termo numérico se comportava como se denotasse um número, mesmo que isso fosse impossível segundo a concepção de número em voga, então ele efetivamente denotava um número. Desde então números não são mais entidades independentes apenas *denotadas* pelos símbolos, mas entidades *geradas* pelo próprio simbolismo que se caracterizam *exclusivamente* pelas suas relações operatórias com outros números[2].

Os algebristas italianos do século XVI, porém, talvez não tenham visto o que os matemáticos irão perceber claramente mais tarde, que do ponto de vista matemático os objetos de um domínio numérico podem ser substituídos por quaisquer outros objetos sem que nada mude, *desde que esses novos objetos tenham as mesmas propriedades formais que os números*. Por isso, podemos estender um domínio matemático qualquer juntando a ele objetos apenas formalmente definidos – como os números imaginários – estendendo ao mesmo tempo as operações para esses novos inquilinos através de regras meramente formais (como já havia feito Bombelli). Não obstante o caráter puramente combinatório desse procedimento, a estrutura formal do domínio estendido talvez seja mais adequada que a estrutura do domínio original para tratarmos mesmo os problemas que se refiram apenas aos objetos do domínio restrito. Isso explica os bons préstimos da técnica de introdução de números imaginários no domínio dos números inteiros positivos. Essa extensão equivale a um enriquecimento de estrutura e, portanto, maiores possibilidades de tratar questões matemáticas originalmente recalcitrantes, além do acréscimo de elegância e economia de pensamento.

Esse novo papel atribuído ao simbolismo irá aos poucos subverter nosso modo de entender a matemática. Germinava na álgebra do século XVI uma concepção puramente *formal* de matemática que iria desabrochar mais visivelmente a partir do século XIX, quando

---

1 Cerca de dois séculos mais tarde, Kant, para desconsolo de muitos matemáticos, ainda insistirá que o número é o esquema da categoria da quantidade e decretará o banimento dos números imaginários.
2 Veja a esse respeito, Zellini 1985.

irá emergir uma concepção de matemática não como uma ciência de conteúdos, ou objetos, mas de estruturas ou invólucros formais de *possíveis* domínios de objetos, definidos por relações puramente formais no interior de um sistema simbólico sem interpretação predeterminada. É nesse espírito que surgem, no século XIX, a álgebra moderna, isto é, a teoria de estruturas apenas formalmente definidas, e certas concepções filosóficas do século XX, como o "estruturalismo" do grupo Bourbaki, segundo a qual a matemática se confunde com o estudo de estruturas formais axiomaticamente definidas e suas relações recíprocas (concepção, de resto, já defendida antes por Husserl com respeito à matemática formal).

Também em relação à metodologia matemática, grandes mudanças ocorreram no século XVII. Em matemática (e não apenas em matemática) esse foi um século revolucionário. Nasciam então a filosofia moderna com Descartes – caracterizada pelo foco em questões epistemológicas e uma crítica radical do conhecimento –, a ciência moderna com Galileu – caracterizada pela matematização da natureza – e a matemática moderna com Cavalieri, Descartes, Leibniz, entre tantos outros – caracterizada pelo uso de métodos infinitários em aritmética, álgebra e geometria, a criação do cálculo infinitesimal por Leibniz e Newton e a algebrização da geometria por Descartes.

O uso extensivo de métodos infinitários – numa barganha que abria mão do rigor geométrico de Arquimedes pelo valor heurístico de novos algoritmos – é o traço distintivo da nova matemática desse período. Kepler, por exemplo, em sua *Nova stereometria doliorum vinariorum* [*Nova geometria sólida para barris de vinho*] (1615) calculou o volume de alguns sólidos de revolução decompondo-os em uma infinidade de componentes elementares simples e indivisíveis. Ainda usando indivisíveis, Cavalieri, na sua obra seminal *Geometria indivisibilibus continuorum* (1635), descobriu o famoso princípio que leva o seu nome: dois sólidos de igual altura têm o mesmo volume se suas seções planas à mesma altura têm a mesma área. Se esses métodos não têm o rigor da matemática de Arquimedes – e esta é uma importante observação sobre o papel da filosofia no desenvolvimento da matemática –, têm ao menos a vantagem de evitar a dupla redução ao absurdo que o método arquimediano de exaustão exige, *privilegiando demonstrações explicativas, ou causais, segundo os preceitos lógico-epistemológicos de Aristóteles*[3].

O cálculo infinitesimal propriamente dito foi um passo adiante dos métodos de Kepler e Cavalieri. Newton e Leibniz o criaram simultânea e independentemente, apesar da amarga disputa de prioridade que os antepôs. Leibniz publicou a sua descoberta pela primeira vez num texto curto (seis páginas) intitulado *Nova methodus pro maximis et minimis, itemque tangentibus, quae nec fractas nec irrationales quantitates moratur, et singulare pro illis calculi genus* [*Um novo método para máximos e mínimos, assim como para tangentes, que não é obstruído por quantidades irracionais e fracionárias, e um curioso tipo de cálculo para ele*] (1684). Apesar de um pouco obscuro e parco em demonstrações, esse artigo contém os símbolos para diferenciais conhecidos por qualquer estudante de Cálculo em nossos dias, dx e dy, as regras de diferenciação para o produto e o quociente ($d(xy) = x\,dy + y\,dx$; $d(x/y) = y\,dx - x\,dy\,/\,y^2$), a condição $dy = 0$ para pontos extremos e $d^2y = 0$ para pontos de inflexão. Em 1686, Leibniz publicou um outro artigo com as regras do cálculo integral, em que aparece o símbolo usual para a integral: $\int$. (Já o primeiro livro texto de cálculo, *Analyse des infiniment petits*, escrito pelo marquês de L'Hospital, apareceu em 1696.)

Newton, cuja notoriedade científica sustentava-se principalmente no magistral *Philosophiae naturalis principia mathematica*, de 1687 – um tratamento axiomático da mecânica juntamente com uma teoria da gravitação que demonstrava a partir de princípios as leis empíricas da mecânica celeste de Kepler –, teve seu método de cálculo infinitesimal publicado entre 1704 e 1736 (ano da publicação de *Method of Fluxions*), mas descobriu-o provavelmente entre

---

3   Lê-se, na carta de Leibniz a Varignon, de 2 de fevereiro de 1702: "[...] a demonstração rigorosa do Cálculo Infinitesimal, do qual nos servimos, [...] tem isso de cômodo: ele dá direta e visivelmente, e de maneira adequada a marcar a fonte da invenção, aquilo que os antigos, como Arquimedes, davam elipticamente em suas reduções *ad absurdum* [...]".

1655 e 1666 (Leibniz, por sua vez, descobriu seu método entre 1673 e 1676). Ambos foram acidamente criticados pelo caráter vago e pouco rigoroso de suas criações. Newton, por Berkeley e Leibniz pelo holandês Nieuwentijt (se bem que, no segundo caso, a disputa não envolvesse uma negação pura e simples do método, mas antes as idiossincrasias próprias de cada um no trato com os infinitésimos).

A rigorosa fundamentação do cálculo infinitesimal só será possível no século XIX, com Weiertrass, Dedekind e Cantor, entre outros, por meio da noção de limite e da redução dessa noção a outras puramente aritméticas, eliminando assim quantidades infinitesimais e métodos aparentemente pouco rigorosos de aproximação. Mas, para isso, precisou-se antes criar uma teoria adequada dos números reais e resolver alguns problemas – por exemplo, a natureza dos números irracionais – que se arrastavam, a bem da verdade, desde a descoberta das grandezas incomensuráveis no século V a.C.

Outro autor fundamental no período foi Wallis e a sua *Arithmetica infinitorum* (1655). Como um desbravador de novos territórios, cheio de coragem e intrepidez, mas nem sempre muito cuidadoso, ele aplicou métodos infinitários na álgebra, inventando para todos os efeitos a análise matemática. Séries e produtos infinitos, expoentes negativos, fracionários e imaginários não o intimidavam. Ele mostrou, por exemplo, que $\pi/2 = 2^2.4^2.6^2.../3^2.5^2.7^2...$, e uma série de outros resultados, por métodos que hoje arrepiariam nossos professores de Cálculo. Mas esses homens eram, como outros grandes criadores matemáticos daquele século, inventores em busca de um novo método de descoberta, não rigorosos sistematizadores cheios de zelo pela lógica. Esses viriam depois, como era necessário.

Apesar do seu sucesso, a criação do Cálculo não foi, porém, unanimemente saudada como um claro avanço metodológico. Como já mencionamos, Newton teve que enfrentar a crítica de Berkeley – e convenhamos que esse bispo irlandês alguma razão tinha, uma vez que o Cálculo de Newton deixava muito a desejar do ponto de vista lógico. Já Wallis teve seu Berkeley em Hobbes, um filósofo de expressão, mas matemático medíocre, de credo finitista, que só entendia o infinito como um sinal de nossas próprias limitações, não como algo real[4]. Mas Wallis seria vindicado por Torricelli, que fez, em 1641, uma descoberta que marcou época.

Tratava-se de um sólido – um hiperboloide agudo – que, apesar de ilimitado, e, portanto, *infinito* em dimensão, tem volume *finito*. Essa descoberta deslanchou uma sequência de ondas sísmicas na rocha aparentemente sólida da matemática e da filosofia, que sacolejou de modo apreciável os meios intelectuais da época. De certo modo, essa descoberta foi um "passa-moleque" nas críticas anti-infinitistas, pois Torricelli podia demonstrar esse fato então estranho usando *quer* o método dos indivisíveis de Cavalieri (aperfeiçoado por ele), *quer* os rigorosos métodos arquimedianos, levando assim ao embaraço quem se opusesse por princípio à ideia de que o infinito fosse de algum modo mensurável, mas acatasse os métodos rigorosos de Arquimedes (como era o caso de Hobbes).

Também em filosofia a descoberta de Torricelli fazia pensar. Em primeiro lugar ela trazia problemas para todos os que de algum modo viam a geometria por um viés empirista, como uma teoria do espaço real, ou uma versão idealizada dele. Pois que suporte real teria esse sólido infinito? Torricelli, contrariamente, reivindicava o espaço geométrico para a imaginação. Depois, a própria natureza contraintuitiva do resultado de Torricelli punha um sério problema de natureza *epistemológica* à entronização da intuição clara e distinta, ou a luz da razão, como critérios de verdade em matemática (como fizera Descartes, e não apenas com relação à matemática, mas todo conhecimento seguro). Afinal, não é *óbvio* que um sólido infinito deve ter necessariamente um volume que

---

4   A aceitação do infinito atual, na matemática ou mesmo na natureza, foi um processo longo e difícil ainda não de todo encerrado. Negado por Aristóteles, redimido por Leibniz, combatido por Descartes; admitido e estudado por Bolzano e Cantor e desacreditado por Kronecker no século XIX; atacado como fonte segura de paradoxos por Poincaré e alijado da matemática por Brouwer já no século XX – o infinito ainda causa vertigens.

excede qualquer valor finito? Torricelli mostrou que, apesar de óbvio, isso é falso[5].

É irônico, mas ocorre às vezes que uma propriedade aparentemente absurda de uma noção termine por valer como a definição mesma dessa noção. Galileu, por exemplo, havia notado que a ideia de uma grandeza realmente infinita é contraditória, pois tal grandeza deveria ser equinúmera – isto, é ter intuitivamente o mesmo número de elementos –, que uma parte própria dela mesma[6]. Ora, pois é exatamente essa propriedade que, segundo Cantor e Dedekind, *define* uma grandeza infinita! O que é contraditório para as grandezas finitas pode ser da própria essência das grandezas infinitas; o que repugna a nossa intuição finita pode ser a verdade do infinito. A duras penas os matemáticos aprenderão a desconfiar da "intuição", do óbvio, da luz natural, quando essas nada mais são que a mera, e indevida, extensão de verdades para além de seus limites de validade. E muito se ganhou com isso.

Apesar, no entanto, de seu "intuicionismo" e de sua desconfiança no infinito, Descartes foi um marco fundamental do século XVII,

---

5 Também é óbvio que o Sol gira em torno da Terra (pois nós *vemos* isso) e que o corpo mais pesado cai ao solo mais rapidamente que o corpo mais leve (pois ele é, justamente, mais pesado). Galileu, para pesar do *establishment* científico da sua época, mostrou que ambas essas obviedades eram falsas. A história da matemática está repleta de exemplos de atentados à intuição: funções contínuas sem derivadas em nenhum ponto, curvas que preenchem o plano, conjuntos não enumeráveis com medida nula (isto é, simultaneamente "grandes" e "pequenos") etc. Mesmo os famosos paradoxos de Zenão podem ser "resolvidos" por cuidadosa análise infinitesimal: uma sequência infinita de posições pode ser percorrida em tempo finito; portanto, Aquiles não está fadado a sempre secundar a tartaruga. A história da ciência nos ensina a humildade de duvidar do óbvio.

6 Dois conjuntos de elementos são equinúmeros se existe entre eles uma *correspondência biunívoca*, isto é, uma correspondência que associa a cada elemento de um conjunto apenas um elemento do outro, de tal modo que dois elementos do primeiro nunca são associados ao mesmo elemento do segundo, e cada elemento deste sempre corresponde a algum elemento daquele. Por exemplo, o conjunto dos números naturais 0, 1, 2, 3,... é equinúmero ao conjunto dos números pares 0, 2, 4, 6,..., via a correspondência que a cada número natural associa o seu dobro. O que choca uma imaginação finitista é que os pares formam uma parte *própria* dos naturais, mas mesmo assim há tantos números naturais quantos números pares.

tanto em filosofia quanto em matemática. Nessa ciência coube-lhe criar um método original de tratar a matemática tradicional herdada dos gregos. Esses, como sabemos, pensavam a aritmética em termos exclusivamente geométricos. Números, para eles, estavam sempre associados a segmentos, e operações aritméticas, como somas e produtos, a construções geométricas. Em particular, o quadrado de um número era pensado como uma área e o cubo, como um volume. Isso evidentemente criava um problema dimensional para o tratamento de expoentes maiores do que 3. Descartes resolveu esse problema encontrando um meio de representar operações algébricas (somas, produtos, subtrações, divisões e extrações de raízes quadradas) por operações sobre *segmentos* apenas. Assim, operações algébricas com números-segmentos geravam números-segmentos, e não mais, como entre os gregos, figuras de dimensões superiores.

Assim, na resolução de um problema geométrico, Descartes estava livre para tratar os segmentos dados como constantes, os segmentos a serem obtidos como incógnitas e relacioná-los por meio de identidades geométricas conhecidas, dando origem, desse modo, a uma relação funcional entre constantes e incógnitas – em suma, uma equação. Bastava então, para resolver o problema geométrico, resolver a equação algébrica – isto é, isolar as incógnitas em termos das constantes – e, depois, construir os segmentos correspondentes às grandezas antes incógnitas, mas agora dadas em razão das grandezas conhecidas. Como se vê, a álgebra funcionava, para Descartes, como um atalho, e a algebrização como um instrumento geométrico.

A *Géométrie* de Descartes foi publicada em 1637 como um apêndice ao seu *Discours de la méthode*. E isso porque Descartes via em sua geometria uma aplicação paradigmática do seu método. A geometria algébrica de Descartes, porém, não se parece muito com a nossa Geometria Analítica, se bem que ele seja considerado um dos "pais" dessa disciplina. Na verdade, não se encontram na geometria cartesiana os característicos sistemas de coordenadas globais da Geometria Analítica, nem equações de retas e cônicas. O atestado de sucesso dos métodos geométricos de Descartes foi a resolução, além da generalização, por seu intermédio, de um problema proposto por Pappus (séculos III-IV d.c.) e que não fora resolvido nem pelos antigos nem pelos modernos; a saber, dadas quatro retas e quatro ângulos, encontre um ponto tal que, desse ponto, sejam traçadas retas que encontram as retas dadas segundo os ângulos dados e tal que os segmentos assim determinados sejam proporcionais entre si. Mas talvez o fruto mais interessante da geometria de Descartes tenha sido a classificação de curvas que ela propiciou. Descartes distinguia entre curvas "geométricas" e curvas "mecânicas", reservando apenas às primeiras, fundamentalmente aquelas dadas por equações algébricas, a dignidade da Geometria. Isso lhe permitiu resolver em geral o problema do traçado da tangente em um ponto qualquer de uma curva geométrica qualquer (mas o problema inverso, o da quadratura, lhe escapava, o que ofereceria a Leibniz a oportunidade de criticar tanto os métodos geométricos de Descartes, quanto o método filosófico que lhes subjaz).

É interessante notar que nem Descartes nem Leibniz viam seu trabalho como matemáticos independentemente de suas investigações filosóficas[7]. A matemática era, para eles, parte integrante da filosofia e servia como campo de teste de ideias e métodos filosóficos. É no-

---

7   "...[E]u cultivo a matemática apenas porque eu encontrei nela os traços de uma arte da invenção em geral ..." *Carta à condessa Isabel* (1678?). Essa mesma citação continua assim: "e parece-me que descobri, no fim, que o próprio Descartes ainda não havia penetrado o mistério dessa grande ciência". Desqualificando a *matemática* de Descartes, Leibniz desqualifica também a sua *filosofia*, uma vez que Descartes, ele também, via a sua matemática pelo viés do seu método filosófico. Vale a pena continuar essa citação: "Eu me lembro que ele [Descartes] disse em algum lugar que a excelência de seu método, que apenas parece provável em sua física, é demonstrado por sua geometria. Mas eu devo admitir que eu reconheço principalmente a imperfeição do seu método em sua geometria mesma. [...] Eu afirmo que existe ainda outra análise em geometria completamente diferente da análise de Viète e Descartes, que não avançou suficientemente nela, uma vez que os seus problemas mais importantes não dependem das equações às quais toda a geometria de Descartes se reduz. A despeito das afirmações ousadas de sua geometria (que todos os problemas se reduzem às suas equações e suas curvas), ele próprio teve que admitir esse defeito em uma de suas cartas, pois De Beaune havia lhe proposto um desses estranhos, mas importantes problemas do método inverso das tangentes, e ele admitiu que ainda não o via com suficiente clareza. Eu tive a felicidade de descobrir que esse problema pode ser resolvido em três linhas pela nova análise que estou usando".

tável nesse sentido o contraste com Kant. Como veremos a seguir, a natureza do conhecimento matemático é um dos pontos de partida da filosofia kantiana, mas no fim cabe a essa filosofia *restringir* práticas e métodos matemáticos já de há muito estabelecidos. Contrariamente a Descartes e Leibniz, Kant não busca na matemática a comprovação de ideias e métodos filosóficos, mas, inversamente, faz a partir da filosofia a crítica das práticas matemáticas. Enquanto Leibniz, como o grande matemático criador e inovador que era, filosofava a partir da matemática, Kant tratava a matemática, que em nada ajudou a enriquecer, a partir de um projeto filosófico.

Deixemos por agora a história da matemática de lado e voltemo-nos novamente para a filosofia.

A filosofia da matemática de Leibniz

Para Gottfried Leibniz (1646-1716) as asserções verdadeiras dividem-se em dois grupos complementares, as verdades de fato, que se podem negar sem infração à lógica, e as verdades da razão, cujas negações são contradições lógicas[8]. Verdades da razão são assim *necessariamente* verdadeiras: não é *logicamente* possível que sejam falsas (por isso podemos conhecê-las apenas com as ferramentas da lógica). Verdades da razão, das quais as verdades matemáticas são exemplos típicos, são, diríamos hoje, verdadeiras em todos os mundos possíveis (já que não é possível um mundo em conflito com a lógica).

Para Leibniz, como para todos os lógicos desde os antigos gregos, uma asserção, universal ou particular, afirmativa ou negativa, podia ser sempre analisada como a atribuição de um predicado a um sujeito. A sentença "Sócrates é homem", por exemplo, atribui o predicado "homem" ao sujeito "Sócrates" e, em termos semânticos, atribui a Sócrates, o indivíduo denotado pelo sujeito da sentença, a propriedade de ser homem, que é o que o predicado denota. Ademais, ainda segundo Leibniz, em qualquer asserção afirmativa *verdadeira*

---

8   Cf. *Monadologia*, § 33.

da forma S é p o predicado p está sempre contido no sujeito S[9]. Isso quer dizer que de alguma forma a própria ideia do sujeito (poderíamos também dizer, a essência mesma do sujeito) envolve a ideia expressa pelo predicado. Se pudéssemos levar a cabo uma análise[10] completa do sujeito e explicitar todas as propriedades que lhe pertencem de direito, veríamos que p é uma delas, ainda que p não seja logicamente dependente de S, isto é, mesmo que seja possível conceber S *sem* a propriedade p. De fato, esse é o critério mesmo de verdade para Leibniz: uma asserção é verdadeira se o sujeito contém o predicado.

Ainda, porém, para Leibniz, a veracidade de "S é p" pode ser apenas uma consequência do *princípio do melhor* – isto é, S é p para que este seja o melhor dentre todos os mundos logicamente possíveis – não do princípio de não contradição – isto é, "S não é p" (ou, o que é equivalente, "S é $não$-p") não é uma contradição lógica. Assim, ainda que para Leibniz os sujeitos de todas as asserções afirmativas verdadeiras contenham os seus predicados, algumas dessas asserções são necessárias – se o sujeito contém o predicado por necessidade lógica –, outras são contingentes – se o sujeito contém o predicado apenas para que esse seja o melhor dos mundos possíveis.

O fato de Sócrates ser, efetivamente, um homem, por exemplo, não significa que a humanidade seja um atributo requerido *logicamente* por Sócrates. Que Sócrates seja homem é uma verdade de fato, não de razão. Sócrates *poderia ter sido*, afinal, um androide alienígena, não um ser humano, sem que por isso a lógica fosse ofendida. Claro, isso seria muito estranho e surpreendente, mas não *logicamente* impossível (além disso, se não tivesse sido homem, Sócrates não teria sido quem de fato foi). Deus, acreditava Leibniz, *poderia* ter feito Sócrates um

---

9   Esse é um princípio tão fundamental do sistema filosófico de Leibniz que merece uma citação completa: "em toda proposição afirmativa verdadeira, necessária ou contingente, universal ou singular, a noção do predicado está sempre, de algum modo, incluída naquela do sujeito – o predicado está presente no sujeito – ou eu não sei o que é a verdade". (*In omni propositione affirmativa vera, praedicatum inest subjecto. Correspondência com Arnaud.*)

10 Compreender, para Leibniz, era fundamentalmente analisar, não, como para Descartes, intuir.

robô (e mesmo Deus só pode fazer o que é logicamente possível), e se não o fez foi porque assim faria um mundo pior do que este que realmente fez. Na terminologia leibniziana Sócrates é homem por *necessidade hipotética*, não *necessidade absoluta (lógica)*. Por isso a asserção "Sócrates é homem" é (logicamente) contingente.

A bem da verdade Leibniz padeceu um pouco para tornar aceitável sua tese de que mesmo verdades contingentes são analíticas, isto é, apenas analisam a ideia expressa pelo sujeito. Em sua fase madura, ele lançou mão de uma analogia matemática para diferenciar verdades logicamente necessárias de verdades contingentes. As primeiras são ainda as que não podem ser negadas sem contradição lógica, o predicado pertence ao sujeito por um imperativo da razão, e uma análise completa do sujeito revelaria que o predicado lhe cabe por direito. Já as verdades contingentes são aquelas em que uma análise do sujeito converge para o predicado, sem, no entanto, abrangê-lo, assim como a expansão decimal de um número irracional se aproxima indefinidamente desse número sem nunca atingi-lo realmente. A rigor o predicado não mais pertence ao sujeito, mas é um ponto-limite dele.

Seja como for, verdades de fato não podem ser conhecidas *a priori* apenas pela lógica por seres incapazes, como nós, de levar a cabo a análise completa dos conceitos nelas envolvidos. Para Leibniz, verdades contingentes particulares são conhecidas, *faute de mieux*, por meio dos sentidos, e as gerais por um método chamado por ele de *método conjetural a priori* que se assemelha muito ao método hipotético-dedutivo: verdades contingentes gerais seguem-se logicamente de hipóteses meramente assumidas, como o sentido de um texto criptografado que se revela a quem possua sua chave. As hipóteses são essas chaves, que são tão mais *prováveis* e aceitáveis quanto mais elegantes forem, isto é, mais simples e com um maior número de consequências verdadeiras (e nenhuma falsa, claro)[11].

As verdades matemáticas pertencem a outra estirpe, elas são, como já dissemos, verdades da razão, portanto, necessárias e *a priori*, além

---

11 Esse é um método amplamente utilizado na ciência e na matemática contemporâneas, quando se trata de decidir sobre a validade de pressupostos *ad hoc* ou a aceitabilidade de candidatos a novos axiomas em sistemas axiomáticos, formais ou não.

de analíticas, como de resto o são as verdades de fato. A asserção '2 é par', por exemplo, que atribui ao número 2 a propriedade de ser par, não pode ser negada a menos de contradição lógica. Isso porque essa propriedade é uma consequência lógica do conceito de 2; a paridade pertence a 2 por necessidade lógica. Afinal, ser par significa apenas ser um múltiplo de 2, o que 2 é. O mesmo se dá, segundo Leibniz, com todas as verdades matemáticas: elas são verdades da razão. Uma identidade matemática é, para ele, sempre redutível, pela substituição do definido por sua definição, a uma instância do princípio de identidade $a = a$, ou seja, a uma identidade tautológica. A matemática é, para Leibniz, em suma, uma imensa coleção de tautologias[12].

Considere a asserção (a): $5+7 = 12$. Por definição, (b): $2 = 1+1$ e (c): $3 = 2+1$; portanto, por substituição de (b) em (c), $3 = (1+1)+1$. Como, segundo Leibniz, a forma como as unidades se agrupam na expansão de 3 é rigorosamente irrelevante, temos que $3 = 1+1+1$, e assim sucessivamente, $12 = 1+ \ldots +1$ (12 vezes). Substituindo-se em (a) as definições de 5 e 7 tem-se (d): $(1+1+1+1+1)+ (1+1+1+1+1+1+1) = 1+1+1+1+1+1+1+1+1+1+1+1$. Novamente, não importa como os 1's se agrupam na expansão de 12, podemos então reuni-los em dois maços de respectivamente 5 e 7 unidades, reduzindo (d) a uma instância do princípio de identidade, o que demonstra (a).

Leibniz acredita que o mesmo pode ser feito com *qualquer* asserção matemática verdadeira, particular ou universal. Mas, claro, nem sempre de maneira tão trivial. Considere por exemplo o teorema angular de Tales, que já encontramos antes. Segundo Leibniz, uma análise *completa* do conceito de triângulo deixaria explícito que um dos componentes desse conceito é, precisamente, a noção de uma figura cujos ângulos internos somam dois retos. Claro que a definição de triângulo não menciona explicitamente nada disso, mas Leibniz não acredita que uma definição tenha que nos dar de imediato todos

---

12 "O grande fundamento da matemática é o *princípio de contradição ou identidade*, isto é, que uma proposição não pode ser verdadeira e falsa ao mesmo templo, e que, portanto, A é A e não pode ser não-A. Só esse princípio é suficiente para demonstrar cada parte da aritmética e da geometria, isto é, todos os princípios matemáticos." (*Correspondência com Clarke*)

os aspectos da coisa definida. Basta-lhe singularizar o definido. A luz natural da razão humana[13] pode perscrutar a noção definida, sem o auxílio dos sentidos ou qualquer outro recurso que não suas próprias forças, segundo Leibniz, para nela descobrir todas as propriedades que ela contém por necessidade. Obviamente, Leibniz sabia que o teorema de Tales pode ser demonstrado no sistema de Euclides a partir de postulados geométricos e axiomas gerais, e sabia também que esses postulados não são instâncias do princípio de identidade. Leibniz, porém, não aceitava a irredutibilidade dos postulados geométricos a tautologias. Contrariamente, ele acreditava que os axiomas euclidianos eram *demonstráveis*, redutíveis a instâncias do princípio de identidade. E era mister levar a cabo tal redução. Em oposição a Descartes, Leibniz não entroniza a evidência clara e distinta como critério da verdade[14]. Para ele, só

---

13   Essa "luz natural" é uma contribuição do entendimento aos sentidos. Sem ela os sentidos seriam incapazes de prover conhecimento, ainda menos conhecimento de verdades necessárias. Assim, "não há nada no entendimento que não chegue através dos sentidos, a não ser o próprio entendimento, ou aquilo que entende". *Carta à Rainha Sofia Carlota da Prússia* (1702).
14   Há dois tipos de espírito matemático, o sintético-intuitivo e o lógico-analítico. O primeiro valoriza alguma forma de intuição – geométrica ou qualquer outra –, admite uma "experiência viva da verdade"; o segundo só se rende à evidência lógica, à luz pura (e de alguma forma ofuscante, pois substitui a "visão" intuitiva) dos princípios e regras da lógica. A história da matemática conheceu grandes matemáticos de ambos os tipos. Descartes e Leibniz, por exemplo, são espécimes perfeitos de cada um, respectivamente. Como matemático Descartes foi fundamentalmente grego; ele privilegiava a geometria, praticamente ignorava a aritmética, sentia-se desconfortável com o infinito, acatava a evidência geométrica como fundamento da verdade (comungava com a máxima de Pascal: *"Tout ce qui passe la Géometrie nous passe"*). Já Leibniz foi o arauto de uma nova era, a do rigor lógico, dos métodos infinitários, da probabilidade. Ao contrário de Descartes ele desconfiava da intuição e privilegiava a aritmética – que quis estender a uma *Mathesis Universalis*, que incluía um *Calculus Ratiocinatur*, isto é, uma aritmética do pensamento. Essas são ideias extremamente ricas que anunciavam conquistas muito posteriores, como a lógica algébrica e a invenção de sistemas lógicos formais. O conflito entre a lógica e a evidência é um tema recorrente da filosofia e da prática matemáticas. Do lado de Descartes, encontramos, por exemplo, Brouwer, Gödel, os analistas franceses, como Borel, Baire e Lebesgue, além de Poincaré, entre tantos outros; do lado de Leibniz, Weiertrass, Hilbert e o Frege dos fundamentos da aritmética, para mencionar alguns. Um estudo muito interessante da "psicologia" da matemática, e de matemáticos, é o de Hadamard (1996).

havia um tribunal da verdade, a lógica (e mesmo em sonho podemos demonstrar rigorosamente teoremas matemáticos[15]). Os postulados próprios da geometria Euclidiana tinham, para Leibniz, uma certeza moral, quando muito, devendo eventualmente ser demonstrados, isto é, reduzidos a proposições idênticas (como de resto todas as verdades).

As verdades matemáticas, pensava Leibniz, jazem dormentes (algumas, outras, as já conhecidas, despertas) na mente humana[16]. Como elas lá chegaram? Essa é uma questão que tem uma resposta muito simples: migraram de algum modo, por obra da vontade divina, da própria mente de Deus, que as conhece todas com a máxima distinção[17]. Isso resolve, à maneira de Platão, o problema do acesso. Novamente tudo é uma questão de reminiscência.

Mas os sentidos têm um papel a desempenhar, quer os sentidos externos, os cinco habituais, quer o sentido interno da imaginação: despertar, ou de algum modo induzir, o trabalho da razão pura. Pelos sentidos poderíamos também conhecer alguma matemática, como conhecemos verdades de fato, pela observação, mas jamais essas verdades teriam a dignidade da necessidade.

Deus, por seu turno, não imprimiu a matemática apenas na alma humana, mas também na natureza. Por isso, apesar de sua idealidade abstrata, a matemática rege o mundo, ordenando-o e tornando-o inteligível. A Natureza obedece a inquebrantáveis leis matemáticas e princípios metafísicos, e esses nos dão um *insight* dos desígnios de Deus para este mundo[18]. Há, assim, uma comunhão entre o nosso espírito e a natureza que a faz, em princípio, cognoscível.

---

15 Cf. *Carta à Rainha Sofia Carlota da Prússia*.
16 "toda a aritmética e toda a geometria são inatas e estão em nós de uma maneira virtual, de modo que podemos encontrá-las em nós considerando-se atentamente e ordenando o que já temos no espírito, sem se servir de nenhuma verdade aprendida pela experiência ou pela herança de um outro, como Platão já mostrou num diálogo..." (*Novos ensaios sobre o entendimento humano*, I, 1, 5).
17 Mas como nossas almas têm muito menos "espaço de memória", essas verdades embaralharam-se um pouco, mas nada que a reflexão não possa em princípio deslindar.
18 Cf. *Resposta à nota L de Bayle*.

As noções matemáticas *claras* e *distintas*, como o número e a figura – chamadas por Leibniz de noções do *senso comum*, por serem universalmente aplicáveis, contrariamente às noções dos sentidos externos, como cor e textura, que só se aplicam a objetos da visão e do tato, respectivamente –, são simultaneamente sensíveis e inteligíveis; nós podemos percebê-las, e mesmo compreendê-las um pouco, por meio dos sentidos (externos e interno – a imaginação), mas só pode haver uma ciência racional delas por ação do intelecto.

A filosofia da matemática de Kant

Immanuel Kant (1724 - 1804) não concordava com nada disso. Para começar, ele substituía por uma tripartição a bipartição das verdades. Segundo Kant, as asserções (ou juízos, como ele preferia) dividem-se em *analíticas* ou *sintéticas*, e *a priori* ou *a posteriori*. Verdades analíticas são aquelas em que a ideia denotada pelo sujeito contém a ideia representada pelo predicado, como as verdades da razão de Leibniz; as sintéticas, aquelas em que essas ideias não estão nessa relação. Mas nem todas as asserções sintéticas verdadeiras são, para Kant, empiricamente verificáveis. As que o são ele chamava de *a posteriori*, as outras, *a priori*. Assim, verdades sintéticas *a priori* são aquelas em que o sujeito não contém o predicado, mas que *não* são empiricamente verificáveis. Mas, então, como verificá-las se a mera análise das ideias envolvidas também não basta? Essa é a grande questão da filosofia teórica kantiana. Verdades sintéticas *a posteriori* são as verdades de fato de Leibniz, verdades analíticas *a posteriori* evidentemente não existem – a verificação de qualquer asserção analítica é meramente uma questão de sabermos do que estamos falando, nenhum testemunho da experiência é necessário –, verdades analíticas (necessariamente *a priori*) são demonstráveis por análise dos termos do enunciado. O problema é o que fazer com as verdades sintéticas *a priori*, que desafiam tanto a inteligência pura quanto o préstimo dos sentidos.

A filosofia teórica de Kant se apresenta precisamente como uma resposta à pergunta "Como são possíveis os juízos sintéticos *a priori*?".

Ou seja, como é possível um conhecimento, útil na organização dos dados da experiência, mas que, paradoxalmente, é independente dela? Para Kant, contrariamente a Leibniz, o conhecimento matemático é o paradigma de tal conhecimento. Afinal, nós não precisamos de modo essencial do testemunho dos sentidos para desenvolver a ciência matemática; as teorias matemáticas dispensam o teste da experiência, mas, não obstante, são indispensáveis para a organização dessa mesma experiência. O conhecimento matemático não é (acreditava Kant) uma imensa tautologia; ele não se constitui na mera explicitação dos conceitos envolvidos nos enunciados matemáticos, como pensava Leibniz. Asserções como "nenhum homem solteiro é casado", por exemplo, explicitam, mas não acrescentam nada de novo ao que já sabemos. Os enunciados matemáticos, como $2 + 2 = 4$, porém (ainda segundo Kant), não são desse tipo, eles nos dizem mais do que poderíamos descobrir pela mera análise dos conceitos neles envolvidos.

As ciências empíricas, como a física ou a biologia, contêm apenas enunciados informativos de tipo sintético, e é fácil entender como eles são possíveis. Que certos conceitos estejam entre si de certa forma relacionados, como os conceitos de água e ponto de ebulição no enunciado "o ponto de ebulição da água pura no nível do mar é 100°C", é uma informação que os usuais cinco *sentidos* podem nos dar. Ela está sustentada pelo menos em parte (pois há nela um elemento de generalidade que não pode ser fundado na experiência) no testemunho dos sentidos. Por isso as verdades sintéticas das ciências empíricas são *a posteriori*, como diz Kant, isto é, elas dependem de confirmação empírica. Mas como a experiência é sempre limitada e sujeita à revisão, os enunciados empíricos só podem ser generalizados para todos os casos (*todas* as amostras de água; em *qualquer* momento; etc.) à custa de pressupostos *a priori* sobre a regularidade da natureza e a legalidade dos fenômenos naturais, ou, na falta deles, uma dose de fé. Nós certamente temos razões para crer que certos enunciados sintéticos *a posteriori* gerais, como a lei que rege a ebulição da água, sejam verdadeiros, mas não podemos eliminar *logicamente* a possibilidade que não o sejam.

Com a matemática as coisas se passam diferentemente. Suas verdades estão ao abrigo de vicissitudes de natureza empírica, que, segundo Kant, não podem nem confirmá-las nem negá-las[19]. Mas isso não as torna trivialidades vazias de conteúdo, meros esclarecimentos de ideias, úteis talvez, mas desprovidas de "valor agregado". Contrariamente, os enunciados matemáticos, ainda segundo Kant, enriquecem os conceitos neles envolvidos. Por mais que analisássemos o conceito de triângulo, por exemplo, não encontraríamos razões para afirmar nada sobre seus ângulos senão que são em número de três. Jamais a simples análise conceitual da noção de triângulo poderia nos revelar que a soma dos ângulos internos dos triângulos é invariavelmente igual a dois retos. Kant não abre exceções: as verdades matemáticas são sintéticas, além de *a priori*. Como isso é possível, como podemos verificar a adequação da síntese entre os termos dessas verdades se nem a razão, nem os sentidos bastam à tarefa?

Kant acreditava que os enunciados matemáticos verdadeiros são necessariamente verdadeiros; isto é, contrariamente às verdades empíricas, eles *não podem* ser falsos. Para ele, a necessidade é sinal característico dos juízos *a priori*. Mas como pode um enunciado ser necessariamente verdadeiro se não é apenas a expressão de relações de subordinação entre ideias; como é possível que a necessidade não seja apanágio dos juízos analíticos, já que esses apenas atribuem a um sujeito o que lhe cabe de direito, apenas por ser esse sujeito? Além disso, juízos como "a soma dos ângulos internos de um triângulo vale 180 graus" são irrestritamente gerais; não há nem pode haver triângulos que constituam exceção à regra; nós *não podemos* esperar encontrar um triângulo cujos ângulos internos não somem dois retos, mesmo que não tenhamos verificado esse fato para cada triângulo em particular (o que de resto não podemos fazer, já que há infinitos triângulos). Para Kant, também a universalidade é traço característico das verdades *a priori* (pois sendo necessárias, não podem ter

---

19 Claro, esse é o ponto de vista racionalista sobre a natureza da matemática, com o qual Kant concorda. Porém, há formas radicais de empirismo que afirmam que a matemática é, contrariamente, *a posteriori*. Para alguns filósofos (por exemplo, Colyvan, 2001), a matemática, ou pelo menos parte dela que tem aplicação científica, depende da validação da experiência na mesma medida que as teorias científicas que a utilizam.

exceção). Mas, novamente, como é possível que verdades sintéticas sejam universais? A necessidade e a universalidade do conhecimento matemático parecem clamar contra seu pretenso caráter sintético. O que pode promover a síntese expressa por enunciados sintéticos senão o testemunho dos sentidos? Mas enunciados empíricos nunca são necessários, nem exibem a generalidade própria dos enunciados matemáticos.

Mas ainda há mais. Talvez o que mais impressiona na matemática seja sua aplicabilidade ao mundo da experiência. Apesar de imune à confirmação ou negação pela experiência, isto é, apesar de *a priori* como quer Kant, a matemática é, paradoxalmente, capaz de organizar os dados empíricos. Esse mistério clama por elucidação. Como é possível que a matemática seja simultaneamente *a priori* e útil? Essas são questões que a filosofia crítica de Kant responde de modo exemplarmente elegante. Vejamos como.

A forma por excelência dos enunciados, também para Kant, é a cópula de um predicado e um sujeito. Mas, para ele, tanto o sujeito quanto o predicado dos enunciados referem-se a *representações* ou *ideias*, que são mais ou menos como cópias dos objetos por elas representados no interior de nossas consciências. Segundo ele, um enunciado analítico é aquele em que a representação denotada pelo sujeito do enunciado contém a representação denotada pelo predicado. Ou seja, a ideia que fazemos do sujeito contém necessariamente a ideia que fazemos do predicado. "Nenhum homem solteiro é casado" é uma asserção analítica porque nossa representação do termo "solteiro" contém a (na verdade, é idêntica à) nossa representação de "não casado"; portanto, ela exclui nossa representação de "casado". Kant formulava essas distinções no vocabulário filosófico de sua época, fortemente dependente da noção um pouco vaga de representação. Nós preferimos reformulá-las no vocabulário atual, que privilegia o conceito, infelizmente não menos problemático, de significado. Assim, uma asserção é analítica, segundo Kant, se o significado expresso pelo sujeito contém o significado expresso pelo predicado. A analiticidade de "nenhum homem solteiro é casado", por exemplo, deve-se ao fato de que o significado de "solteiro" exclui o significado de "casado".

Os enunciados sintéticos, por sua vez, são aqueles nos quais os significados expressos pelos termos do enunciado (o sujeito e o predicado) não estão entre si numa relação de subordinação. Para Kant, são sintéticos, como vimos, não apenas os enunciados das ciências empíricas, mas também os matemáticos – que, para ele, eram basicamente os enunciados da geometria (euclidiana) e da aritmética. "A soma dos ângulos internos de um triângulo é igual a dois retos" e "7+5 = 12" são, para Kant, dois paradigmas dos enunciados sintéticos da matemática. Do mesmo modo que a análise do conceito de triângulo não basta para concluir o que quer que seja sobre a soma de seus ângulos internos, a análise dos conceitos de 7, 5, 12 e soma não basta para concluir que a soma de 7 e 5 seja 12.

O que mais é preciso, segundo ele? Em uma única palavra a resposta é: verificação. Precisamos, por um processo ainda a ser explicado, constatar que, de fato, 7 somado a 5 nos dá sempre 12, e que a soma dos ângulos internos de um triângulo qualquer é efetivamente igual a 180°. Para Kant, em geometria, esse processo de verificação nada mais é que, essencialmente, o procedimento de construções geométricas; em aritmética, a contagem. Verificamos que, de fato, 7 + 5 = 12 simplesmente contando; constatamos que a soma dos ângulos de um triângulo é igual a dois retos verificando, por exemplo, por meio de construções geométricas auxiliares, que o semiplano determinado por uma reta por um dos vértices de um triângulo arbitrário qualquer paralela ao lado oposto a esse vértice é formado por três ângulos congruentes aos ângulos internos desse triângulo.

Mas não nos adiantemos; nosso problema ainda é a possibilidade de verdades sintéticas *a priori*. Para os enunciados sintéticos *a posteriori* das ciências empíricas esse problema não se põe, uma vez que a correlação que eles expressam entre os significados dos seus termos é dada pela experiência. Nós simplesmente vemos (ou, de um modo geral, verificamos empiricamente) que aquilo que o sujeito do enunciado denota possui a propriedade expressa pelo predicado.

E isso é tudo. Mas, e no caso dos enunciados *a priori*, que estão ao abrigo da experiência, que não pode negá-los nem confirmá-los? Não pode ser pela mera verificação de que 5 maçãs juntadas a 7 maçãs nos dá 12 maçãs que podemos concluir que *necessariamente* e *em geral* (isto é, sem exceção) 5+7 = 12. Como se dá essa verificação, por que meios? Já dissemos algo sobre isso anteriormente. Precisamos contar, mas contar o quê? E como isso que precisamos contar pode ser dado independentemente da experiência sensorial?

Kant chamava de *intuições sensíveis* os dados dos sentidos (para Kant, uma *intuição* é uma representação singular) e de *sensibilidade empírica* a faculdade que temos de sermos afetados pelo mundo por meio dos sentidos. A sensibilidade empírica é a resposta óbvia à questão da possibilidade dos enunciados sintéticos *a posteriori*, pois é pela sensibilidade que verificamos os fatos expressos por eles. É a sensibilidade empírica que nos permite experimentar o mundo empírico. Mas, para Kant, também as verdades sintéticas *a priori* dependem de intuições – já que elas são precisamente sintéticas, e não analíticas –, só que nesse caso essas intuições não são mais intuições sensíveis, mas intuições *puras*. No sistema de Kant essas intuições puras têm a função de fornecer o amálgama que mantém unidos os termos das verdades sintéticas *a priori*. Analisemos o assunto mais de perto.

As intuições sensíveis, os dados da sensibilidade, são invariavelmente apresentadas no espaço e no tempo, segundo Kant. Nós somos incapazes de experimentar o mundo empírico senão no espaço e no tempo. Esses, eles próprios, não são dados dos sentidos, mas impõem-se necessariamente aos dados sensoriais como sua forma. No jargão kantiano: o espaço e o tempo são as formas *a priori* de toda intuição sensível possível. Isso apenas quer dizer que *nós* impomos as formas do espaço e do tempo a qualquer dado dos sentidos, não porque assim o tenhamos escolhido, mas simplesmente porque somos feitos como somos. Assim, segundo Kant, dizer que qualquer dado sensível (uma impressão visual, tátil, sonora, olfativa ou gustativa) apresenta-se sempre numa certa região do espaço, ou num certo período de tempo, não é uma constatação empírica, mas a expressão da *nossa* forma de perceber o mundo sensível.

O espaço e o tempo, para Kant, não são meros conceitos que admitiriam diferentes exemplos. Só há um espaço e só há um tempo. Toda experiência de tempo e de espaço insere-se no espaço e no tempo únicos e universais. Eles são os moldes que revestem cada uma de nossas intuições empíricas. Mas, evidentemente, o espaço e o tempo, eles próprios, são passíveis de ser percebidos. Mas como os percebemos, também pelos sentidos? Isso parece estranho. Nós podemos tocar objetos no espaço, mas não tocamos o próprio espaço; nós ouvimos uma melodia no tempo, mas não o próprio tempo. Os sentidos sempre nos dão algo *no* espaço e *no* tempo, mas nunca o espaço e o tempo eles próprios. Isto é, o espaço e o tempo não são intuições sensíveis. Mas então que tipo de intuições são o espaço e o tempo eles próprios? A resposta de Kant é que eles são intuições puras, isto é, dados intuitivos, representações singulares, a que temos acesso independentemente dos sentidos externos. Kant pressupõe então uma forma de sensibilidade pura, ou seja, não empírica, que nos permite intuir, isto é, perceber, o espaço e o tempo.

Esse genial "golpe de mestre" de Kant é a chave da possibilidade dos enunciados sintéticos a *priori*. Ele nos fornece uma resposta a todas as questões anteriores. Por seu intermédio temos um meio, a saber, as intuições puras do espaço e do tempo, onde levar a cabo as construções e verificações matemáticas, e, portanto, um correlato puro das verificações empíricas; isso responde como são possíveis os enunciados sintéticos *a priori* da matemática. Ademais, como o espaço e o tempo são as formas necessárias de toda experiência sensível, e a matemática, num certo sentido a ser precisado, a ciência do espaço e do tempo, é claro agora como é possível aplicá-la aos dados dos sentidos, ou seja, à nossa experiência do mundo sensível. O mundo sensível é "matematizável" simplesmente porque o são o espaço e o tempo, e esse mundo é, inapelavelmente, um mundo espaço-temporal. Vejamos os detalhes.

1. *A geometria*: consideremos o teorema angular de Tales, já mencionado antes mais de uma vez; ele nos garante que a soma dos ângulos internos de um triângulo qualquer é igual a dois retos.

Segundo Kant, esse teorema expressa uma síntese entre o conceito de triângulo e uma propriedade atribuível em princípio a qualquer figura plana, a de ter a soma de seus ângulos internos igual a dois retos. A mera análise do conceito de triângulo é insuficiente para que possamos atribuir a ele essa propriedade, ou seja, o teorema de Tales não é um enunciado analítico. Assim, se for verdadeiro, ele será uma verdade sintética, e para saber se é, de fato, verdadeiro, precisamos verificá-lo.

Para isso procedemos da seguinte forma. Traçamos na imaginação, ou mesmo sobre o papel, não importa, mas sem nenhuma interferência *essencial* dos sentidos externos, um triângulo qualquer. Para isso precisamos apenas do espaço que nos é dado pela sensibilidade pura (e se lançamos mão de traçados numa folha de papel esse é um expediente em princípio desnecessário). Claro que qualquer triângulo efetivamente traçado será sempre imperfeito. As retas e os ângulos da geometria são entidades perfeitas, mas nossos desenhos, mesmo imaginários, são meras cópias grosseiras deles. Mas aqui a imaginação (que também é pura, pois também independe da sensibilidade empírica) tem um outro papel a desempenhar, conceber um triângulo com a perfeição que o conceito requer. A imaginação é, para Kant, uma faculdade intelectual que nos permite obter imagens de conceitos, o conceito de triângulo nesse caso. Mas ela desempenha também, como se vê no caso de conceitos da geometria, uma função idealizadora, ao nos fornecer imagens *idealmente perfeitas* de conceitos geométricos.

O conceito de triângulo é simplesmente o de uma figura plana limitada por três segmentos de reta. A imaginação fornece um exemplo desse conceito traçando no espaço da intuição pura três retas coplanares duas a duas concorrentes em três pontos distintos. Na verdade continuamos traçando triângulos imperfeitos, mas a imaginação vê neles exemplos perfeitos de triângulos matemáticos. Assim, por meio de um *procedimento temporal* (levado a cabo na intuição pura do tempo) a imaginação traça no *espaço* (da intuição pura) a figura de um triângulo; esse procedimento é aquilo que Kant chamou do *esquema* associado ao conceito de triângulo. Um esquema é simplesmente uma regra ou procedimento (invariavelmente temporal) para se obter exemplos de conceitos. O processo de se obter um exemplo de um conceito na intuição, pura ou empírica, é o que Kant chamava de *construção* do conceito. Pois bem, em poucas palavras, construímos o conceito de triângulo apresentando no espaço, por meio de uma construção temporal, um exemplo arbitrário de triângulo.

Note que as peculiaridades desse triângulo, o tamanho de seus lados e ângulos, se ele é retângulo, equilátero ou obtusângulo, ou qualquer outra especificidade, nos é totalmente indiferente. Ele nos interessa apenas na medida em que é um triângulo, isso basta. Por isso, a verificação de que a soma dos ângulos internos *desse* triângulo iguala dois retos pode ser generalizada para *todos* os triângulos. Nossas construções incidem sobre um triângulo particular, mas o que elas revelam vale em geral.

Traçamos agora, também na imaginação, por um dos vértices do triângulo imaginado, uma reta paralela ao lado oposto a esse vértice. Nós podemos, então, perceber imediatamente (por um ato de percepção pura, lembre-se) que os três ângulos formados pelos dois lados do triângulo adjacentes ao vértice por onde passa a reta e essa reta somam dois retos. Ademais, é também imediato (nós simplesmente o vemos com os olhos da imaginação) que dois desses ângulos, os ângulos externos formados pelos lados do triângulo concorrentes no vértice, e a reta que passa por aí, são iguais aos ângulos do triângulo opostos a esse vértice. Logo, os três ângulos internos somam dois retos.

Essa construção mostra que o teorema de Tales é válido para qualquer triângulo que se possa conceber, pois essas construções são absolutamente gerais e não estão restritas a um triângulo em particular. A construção, no entanto, depende essencialmente das intuições puras do tempo, por ser um processo temporal, e do espaço, por ser uma construção espacial. Os sentidos e as intuições sensíveis, por sua vez, são completamente dispensáveis, pois para realizar a síntese de conceitos que os enunciados da geometria expressam bastam-nos a sensibilidade e a imaginação puras.

Vemos, assim, como as intuições puras do espaço e do tempo e a imaginação pura nos fornecem um substituto dos sentidos e da experiência empírica; enquanto esses nos fornecem conhecimento sintético *a posteriori*, aqueles nos dão um conhecimento sintético *a priori*.

2. *A aritmética*: consideremos agora o enunciado numérico 7+5 = 12. De modo análogo à geometria, a verificação desse enunciado requer primeiramente que nós representemos na intuição pura os conceitos de 7 e 5. Ou seja, que nós construamos esses conceitos apresentando na intuição pura, do tempo neste caso, exemplos para eles. Contrariamente aos conceitos geométricos, que podem ser instanciados por figuras bastante diferentes entre si (qualquer triângulo, de qualquer forma, instancia o conceito de triângulo), os conceitos numéricos são mais rígidos e oferecem a seus exemplos pouca possibilidade de variação. Em geral, segundo Kant, a regra pela qual a imaginação obtém exemplos de conceitos numéricos na intuição temporal consiste na representação de sequências temporais de unidades homogêneas indiferenciadas. O conceito 7, por exemplo, é representado intuitivamente por uma sequência de sete instantes em sucessão temporal. Podemos espacializar essa representação imaginando uma sequência de sete pontos, como de hábito fazemos. Esse procedimento lança mão do espaço como um meio para se representar não apenas os instantes no momento em que eles se apresentam à consciência, mas também os instantes retidos na memória.

Em seguida produzimos de modo análogo uma representação do conceito 5 e vemos (com os olhos da mente, se quisermos usar um metáfora bastante popular) que as representações de 7 e 5 juntas produzem uma representação de 12. Esse processo é bem ilustrado pela contagem com a utilização dos dedos (aqui, cada dedo desempenha o papel de uma unidade). Produz-se primeiramente uma representação de uma das parcelas a ser somada, digamos 7, isolando sete dedos; a seguir adicionam-se uma a uma as unidades da segunda parcela, digamos 5, juntando-se aos sete dedos iniciais um dedo para cada nova unidade (evidentemente um dedo pode representar em momentos diferentes unidades distintas). Ou seja, junta-se à primeira representação uma representação de 5. No final tem-se uma representação da soma 12, que, assim, se apresenta com evidência como a soma de 7 e 5.

Como no caso da geometria, também os enunciados da aritmética, segundo Kant, representam sínteses levadas a cabo na intuição pura. Também aqui a intuição pura, neste caso do tempo, e a imaginação pura – a faculdade intelectual que nos permite construir exemplos para os conceitos na intuição pura – fornecem para os enunciados aritméticos o que a sensibilidade e as intuições sensíveis fornecem para os enunciados sintéticos *a posteriori*, a saber, o meio onde se dá a síntese expressa pelos enunciados e os elos que a constituem.

A despeito de seus óbvios pontos positivos, a solução kantiana tem também óbvios, e muitos, pontos negativos. Consideremos alguns deles:

1. Há conceitos geométricos e numéricos, como, por exemplo, o conceito de uma figura de muitíssimos lados ou de um número muito grande, que não se podem representar na intuição.

2. A álgebra, a ciência matemática que, pelo menos na época de Kant, consistia num conjunto de técnicas para a resolução das equações ditas algébricas, não lida sempre com números explicitamente dados, mas em geral com a mera ideia de um número representada por um símbolo (denotando uma incógnita ou um parâmetro). À álgebra de então cabia descobrir regras pelas quais as equações podiam ser transformadas em equações equivalentes e as soluções dessas equações, se existissem, ser expressas em termos dos seus coeficientes. Aparentemente não cabe aqui nenhuma construção de conceitos, como na verificação de enunciados numéricos particulares; a álgebra parece consistir de meras manipulações simbólicas.

3. Há conceitos numéricos – como os números irracionais, que não podem ser expressos como quocientes de números inteiros (como $\sqrt{2}$), e, pior, os números imaginários (como $\sqrt{-1}$) – que a rigor não correspondem às ideias de medida e quantidade intrínsecas à noção de número, e, portanto, não seriam números em sentido próprio. Esses pseudonúmeros não podem ser representados (isto é, construídos) na intuição pura do tempo.

4. As geometrias não euclidianas, geometrias incompatíveis com a geometria do espaço da intuição, descobertas por Gauss quando Kant ainda vivia, mas pesquisadas seriamente, por Lobachevsky e Bolyai, apenas depois da sua morte, não poderiam evidentemente admitir uma construção na intuição pura do espaço, que Kant acreditava ter uma estrutura intrinsecamente euclidiana.

É muito comum que a própria matemática ofereça desmentidos a certa filosofia da matemática. Alguns filósofos da matemática acreditam, entretanto, que não é seu papel tomar a matemática como ela é feita como um dado inquestionável, mas submetê-la à crítica, mostrando como ela *deveria* ser feita para que fosse efetivamente uma forma de conhecimento.

Todo o projeto filosófico de Kant é uma crítica do conhecimento que não poderia, é claro, deixar a matemática incólume. Vejamos como Kant respondeu a essas objeções na perspectiva de sua crítica do conhecimento.

1. Esse problema coloca a questão da existência de um conhecimento matemático que não é, em princípio, acessível à intuição, um conhecimento puramente conceitual e simbólico. Kant admitiu a possibilidade de tal conhecimento, fundado não na construção dos conceitos representados pelos símbolos, mas na construção, por assim dizer, dos próprios símbolos. Uma espécie de geometria de símbolos. O essencial, entretanto, é que esses símbolos refiram-se a algo, ainda que não diretamente intuído; a manipulação simbólica seria então apenas uma forma indireta de manipular os objetos aos quais os símbolos se referem. Na perspectiva filosófica de Kant era essencial eliminar qualquer possibilidade de conhecimento que não fosse circunscrito pela intuição, pura ou sensível, pois um de seus objetivos era precisamente solapar a pretensão da metafísica dogmática e da teologia racional de constituírem-se em conhecimento.

A aritmética puramente simbólica, segundo Kant, mimetiza nas construções simbólicas (as manipulações simbólicas), as construções ostensivas que não podemos realizar, sendo, portanto, de certa forma, um conhecimento com conteúdo intuitivo, a ser mantido apartado do "conhecimento" meramente discursivo e vazio de intuição das disciplinas que criticava. As operações a que submetemos as representações simbólicas dos números muito grandes (por meio, digamos, da notação decimal), por exemplo, substituem as operações que não podemos realizar com esses números eles próprios, e, do ponto de vista epistemológico (isto é, da fundamentação do conhecimento) valem tanto quanto elas. Assim, a filosofia de Kant dá conta do conhecimento matemático puramente simbólico, desde que os símbolos sejam dotados, efetivamente, de um significado.

2. A resposta de Kant à segunda objeção vai nessa direção. O conhecimento algébrico é um conhecimento simbólico e, num certo sentido, também ele construído na intuição pura do tempo. Operamos com incógnitas e variáveis numéricas como operaríamos com números propriamente ditos. Kant, ao admitir as construções simbólicas juntamente com as construções ostensivas, dá conta de toda matemática cujos objetos não são acessíveis à intuição, mas que são representáveis por símbolos manipuláveis segundo regras, como a álgebra clássica e a aritmética dos números muito grandes.

3. Essa objeção é o calcanhar de aquiles da filosofia da matemática de Kant. Para ele, efetivamente, não se pode representar os números irracionais na intuição temporal apenas; entretanto, eles podem ser representados na intuição espacial. Não podemos construir a raiz quadrada de 2, por exemplo, por um procedimento temporal, como construímos 7. Mas podemos, dizia Kant, construir uma imagem para esse número irracional simplesmente construindo geometricamente a diagonal de um quadrado de lado igual a 1. Assim, para dar conta dos números irracionais, Kant admitiu não limitar ao tempo apenas as construções da aritmética.

Mas nem todos os números irracionais admitem uma construção geométrica por régua e compasso como $\sqrt{2}$; um exemplo disso é o número π, que expressa a razão entre o perímetro e o diâmetro de qualquer circunferência. Mas certamente Kant desconhecia esse fato. Em todo o caso, ele entendia os números irracionais como regras, antes que números propriamente ditos, procedimentos que nos permitem obter-lhes aproximações racionais arbitrariamente precisas. Fiel a uma tradição que não via números irracionais como números em sentido estrito, mas símbolos vazios de significado, Kant identifica números irracionais a regras para a produção de sequências de números racionais. (Mas nem todo número irracional pode ser dado por uma regra explicita, uma vez que há mais irracionais que regras possíveis; porém, esse problema não é sequer mencionado por Kant, que certamente o desconhecia. Entretanto, o caráter de *definibilidade* que Kant impõe aos irracionais, entendendo-os como *regras explícitas* de aproximação, é coerente com o seu construtivismo matemático.)

Os números imaginários, por sua vez, são para Kant conceitos vazios, que não podem ser representados de forma alguma e, portanto, deveriam ser banidos da matemática. Para Kant, a raiz quadrada de -1 é, por definição, um número x tal que $1/x = x/-1$. Mas, para ele, qualquer número é ou positivo ou negativo. Assim, se x for negativo, $1/x$ também o será, e $x/-1$ será positivo; logo, essas duas quantidades não podem ser iguais. Portanto, x é negativo. Mas, nesse caso, $1/x$ é negativo e $x/-1$ positivo; logo, também aqui, essas quantidades são diferentes. Desse modo, x não é nem positivo nem negativo, um absurdo, segundo Kant. A conclusão que ele tira desse argumento é que não existem números imaginários.

Mas, como vimos antes, esses números já tinham uma história de sucesso na matemática, em especial em álgebra, por permitir um tratamento elegante e poderoso da teoria das equações algébricas. Isso fez que a filosofia da matemática de Kant fosse posta sob suspeita. Afinal, melhor abrir mão de Kant que dos números imaginários. Os matemáticos, em geral, não costumam levar muito a sério as críticas filosóficas. Se os números imaginários são úteis, viva aos números imaginários!... mesmo que sejam absurdos. Mais dia, menos dia, acreditavam os matemáticos, dá-se um jeito de eliminar esse absurdo. Até lá fariam como se o problema não existisse. E por mais que Kant não os aprovasse, os números imaginários nunca foram abandonados (felizmente!), só vindo a ser efetivamente "explicados" no século XIX. Esses números, ainda mais que as geometrias não euclidianas, mostraram as limitações da filosofia da matemática de Kant no confronto da matemática tal como é realmente feita.

4. Para Kant, os conceitos vazios, ainda que logicamente possíveis, não contribuem para o nosso conhecimento. Assim, mesmo que uma geometria não euclidiana fosse possível, ela não seria real, ou seja, ela não descreveria nosso espaço intuitivo e, portanto, nenhum espaço. Podemos conceber, inferimos das afirmações de Kant, geometrias nas quais não podemos traçar nenhuma reta paralela a uma reta dada por um ponto dado, ou ainda, nas quais podemos traçar um número infinito de tais retas, mas essas geometrias seriam apenas exercícios lógicos vazios de conteúdo cognitivo, pois nada corresponde, ou pode corresponder a elas na intuição.

A liberdade de criar conceitos matemáticos, sob a única condição de serem consistentes, isto é, não contraditórios, que hoje admitimos como direito inalienável dos matemáticos, não foi reconhecida por Kant. Afinal, se esse direito fosse dado aos matemáticos, por que negá-lo aos metafísicos e teólogos? A filosofia da matemática de Kant, fortemente limitada pela noção de construção de conceitos, isto é, pela necessidade de exemplificá-los na intuição pura, foi contaminada pelo seu projeto filosófico mais amplo, uma crítica à filosofia e à teologia dogmáticas, discursos caracterizados pela argumentação lógica desprovida de intuição. Foi assim também uma crítica à matemática de seu tempo e à matemática futura. Esta é simultaneamente sua virtude e seu defeito.

Salta à vista na compreensão kantiana do conhecimento matemático a sua dívida para com *Os elementos* de Euclides. Como sabemos, apesar de ser um marco na história do método axiomático-dedutivo em ciência, essa obra apresenta inúmeras falhas lógicas. As figuras que acompanham as demonstrações não são apenas ilustrações dispensáveis, meras auxiliares na compreensão de demonstrações logicamente impecáveis, mas partes integrantes essenciais dessas demonstrações. Na verdade elas cobrem lacunas lógicas. O fluxo das demonstrações euclidianas seria frequentemente interrompido se as figuras traçadas não viessem em seu auxílio, oferecendo razões onde a lógica falha. Assim, não é de admirar que Kant, que provavelmente via em *Os elementos* o paradigma do método matemático, acreditasse que a geometria não poderia prescindir da intuição espacial. Se lhe tivesse sido possível conhecer o tratamento axiomático perfeito dado à geometria euclidiana por Hilbert, talvez tivesse reservado um papel menos central às construções nas demonstrações geométricas.

Quanto à aritmética, Kant não lhe reconhecia nenhum axioma propriamente dito. Isso porque, segundo ele, os candidatos possíveis a axiomas aritméticos são ou asserções sintéticas *a priori*, mas particulares, como 7 + 5 = 12, ou asserções analíticas, como "se n = m, então n+k = m+k". Mas, Kant acreditava, axiomas são sempre asserções sintéticas *a priori* gerais, como na geometria. Evidentemente, ele conhecia asserções aritméticas sintéticas *a priori* gerais (por exemplo, "dado um número primo qualquer, existe um número primo maior que ele"); entretanto, essas asserções carecem da obviedade que caracteriza axiomas de um modo geral. O curioso – e revelador – é o exemplo que Kant escolhe de uma asserção geral incapaz de desempenhar o papel de axioma aritmético, por ser analítica. "Se n = m, então n+k = m+k" é precisamente um dos axiomas, ou verdades gerais indubitáveis, que Euclides enuncia em *Os Elementos*. Axiomas, em Euclides, são verdades da razão, diferentemente dos postulados, que são verdades intuitivas da geometria. Kant parece simplesmente acatar, sem mais, a analiticidade do enunciado "se n = m, então n+k = m+k" sob o peso da autoridade de Euclides.

Apesar de suas limitações, a filosofia da matemática de Kant encanta pela sua elegância e genialidade, o que lhe garantiu enorme influência em filosofias da matemática posteriores. Mais que a tese de que a matemática é um corpo de conhecimento sintético *a priori*, compartilhada em parte, por exemplo, por Frege (com respeito à geometria), e Poincaré (com respeito à aritmética), exerceu notável influência o conceito kantiano de construção, que desempenha posição central em todas as variantes construtivistas da matemática (isto é, aquelas que creem que a matemática é algo que se faz, não se descobre).

A teoria kantiana do conhecimento matemático, porém, nunca convenceu completamente, em particular com respeito à pretensa natureza sintética do conhecimento aritmético. Parece razoável que a geometria seja uma teoria do espaço físico, entendido como uma moldura que impomos às nossas representações do mundo, mas é menos crível que a aritmética seja em sentido análogo uma teoria do tempo. Seria possível que Kant estivesse certo quanto à natureza do conhecimento geométrico, mas que, quanto à aritmética, a verdade estivesse com Leibniz? Afinal, a geometria parece ser o conhecimento de algo em particular, o espaço da intuição, enquanto a aritmética, por seu turno, parece ser um conhecimento absolutamente geral sobre nada em particular, pois tudo pode ser contado. É notório o caráter particular da geometria por oposição à aritmética, aparentemente entranhada na própria Razão. O que sugere que a primeira talvez seja da ordem da intuição, como queria Kant, enquanto a segunda, da ordem da lógica, como queria Leibniz. Era nisso precisamente que Frege acreditava.

Gottlob Frege (1848-1925), filósofo e matemático alemão, a partir de 1879, toma para si a responsabilidade de demonstrar a analiticidade (que para ele equivalia a logicidade) da aritmética. O projeto de Frege era ambicioso: reduzir explicitamente os conceitos e verdades da aritmética a equivalentes puramente lógicos. A lógica silogística de Aristóteles, ou mesmo os cálculos simbólicos criados em meados do século XIX por Boole[20], porém, eram insuficientes para a tarefa. Assim, Frege se viu obrigado a criar uma nova lógica, com poderes expressivos muito maiores que a tradicional ou mesmo a lógica algébrica de Boole. Essa invenção revolucionária possibilitou elevar a novos patamares o rigor formal da matemática, oferecendo-lhe um

---

20 O lógico inglês George Boole criou em *The mathematical analysis of logic*, de 1847, e obras posteriores, um cálculo algébrico para a lógica, que estava, porém, longe ainda da ideia fregeana de um sistema lógico com axiomas e regras explícitas de inferência. Além disso, o cálculo booleano não permitia o grau de refinamento na análise estrutural das asserções que a lógica de Frege permite.

contexto privilegiado de expressão, articulação e análise. Também a filosofia, a linguística, as ciências naturais e as novas ciências do século XX – a informática, a inteligência artificial e a ciência cognitiva – beneficiaram-se dos novos instrumentos formais desenvolvidos a partir da criação fregeana.

Que o projeto original de Frege tenha se revelado um fracasso em nada diminui o valor de suas tentativas, pelo contrário. Como amiúde ocorre em matemática, buscar soluções é mais fértil que obtê-las. Vejamos mais de perto o que Frege tinha em mente, como ele planejou a demonstração da analiticidade da aritmética e por que o projeto não vingou. Mas, antes, como um preâmbulo, façamos uma ligeira incursão pela matemática do século XIX, salientando algumas das criações que lhe são específicas.

As novas ciências matemáticas

O século que começou com Gauss e terminou com Poincaré, dois dos maiores matemáticos da história, viu a matemática profissionalizar-se como nunca antes, beneficiando-se dos novos ares trazidos pela Revolução Francesa e pelo período napoleônico. No século XIX todos os ramos da matemática tiveram grande desenvolvimento, mas, do ponto de vista filosófico, convém salientar três criações originais: as geometrias não euclidianas, a teoria dos conjuntos de Cantor e a lógica fregeana. As primeiras trouxeram sérios problemas para a filosofia da geometria de Kant; a segunda permitiu um tratamento magnificamente bem-sucedido de uma pedra que havia séculos rolava pelos sapatos de matemáticos e filósofos, a noção de infinito; a terceira, um salto qualitativo da ciência da lógica de consequências riquíssimas para a matemática e a filosofia em particular.

As chamadas geometrias não euclidianas foram antevistas primeiramente por ninguém menos que Gauss – o "príncipe dos matemáticos" –, que lhes deu esse nome. Ele, porém, nunca publicou suas descobertas nessa área, talvez por medo de comprometer sua respeitabilidade acadêmica (ou ofuscar o brilho de sua coroa), ou talvez por não achar que o mundo estivesse preparado para o choque. Afinal, o grande Kant ainda estava vivo quando Gauss topou com as geometrias não euclidianas, e Kant não poderia vê-las, como já notamos antes, senão como estéreis exercícios lógicos sem interesse prático ou científico. Posteriormente, o húngaro Bolyai e o russo Lobachevsky, talvez por terem menos a perder com isso, vivendo em centros intelectuais periféricos, lograram desenvolver e publicar sistemas alternativos de geometria, consistentes em si, mas em conflito com a geometria euclidiana tradicional[21], que ganharam respeitabilidade matemática com Riemann uma geração depois.

A criação das geometrias não euclidianas é evidentemente uma pílula difícil de engolir para a filosofia kantiana da geometria. Afinal, para Kant, a geometria era a ciência *a priori* do espaço da percepção. Para ele, só havia um espaço e esse espaço tinha uma estrutura euclidiana. Portanto, só havia uma única teoria do espaço, a geometria euclidiana. As geometrias não euclidianas poderiam ser toleradas, na melhor das hipóteses, como meros *flatus voci*, nunca como ciência. Porém, a utilidade que essas geometrias terão no século XX na descrição das estruturas espaciais de certa esfera da percepção regida pela presença de grandes massas gravitacionais – estou me referindo à teoria geral da relatividade de Einstein – porá abaixo definitivamente a concepção kantiana de que o espaço da percepção tem uma única estrutura geométrica. A razão parece então migrar para Poincaré, que afirmava que geometria alguma, euclidiana ou não, é a rigor uma ciência – não sendo, portanto, nem verdadeira, nem falsa –, mas apenas um modo mais ou menos conveniente de organizarmos nossas intuições espaciais, e que o espaço da experiência empírica não tem uma estrutura geométrica privilegiada, podendo admitir, dependendo das circunstâncias, esta ou aquela estrutura entre si incompatíveis.

---

21 As geometrias não euclidianas negam, consistentemente com os outros axiomas da geometria euclidiana, o postulado das paralelas: dados uma reta e um ponto fora dela, por esse ponto passa uma única reta paralela à reta dada.

Um dos nomes de maior destaque da matemática do século XIX é certamente o de Georg Cantor (1845-1918), que, de modo pouco usual em ciência, quase sempre fruto da cooperação de muitos homens, criou sozinho uma teoria radicalmente nova no *corpus* matemático, a teoria dos conjuntos. Sua descoberta se deveu primeiramente ao interesse de Cantor pela análise matemática, particularmente a teoria das séries de Fourier. O estudo de problemas referentes à convergência dessas séries mostrou-lhe quão pouco se conhecia da estrutura do domínio dos números reais, e quão premente se fazia uma teoria do contínuo aritmético (isto é, a sequência contínua dos números reais ordenados pela relação usual de ordem – o que faz esse arranjo contínuo é o fato de não haver aí nenhuma posição não ocupada por um número, nenhum "buraco").

Juntamente com Dedekind, principalmente, Cantor desenvolveu uma teoria do contínuo aritmético em que números irracionais são definidos como certos tipos de sequências *atualmente infinitas* de números racionais (ou melhor, certos conjuntos *atualmente infinitos* dessas sequências). Isso deixava evidente que a matemática, a menos de uma boa dose de cinismo, não poderia mais ignorar o infinito atual (na definição de Dedekind os irracionais também são determinados por conjuntos *atualmente* infinitos de números racionais). Para Cantor, assim como para Dedekind, os números irracionais não são mais signos denotando "falhas" ou "buracos" no descontínuo aritmético dos números racionais[22]. Para eles, os irracionais são números, eles próprios, defíniveis em termos de números racionais, mas à custa de se admitir a existência de conjuntos atualmente infinitos.

Essas teorias permitiram resolver definitivamente a pendência dos infinitésimos, que se arrastava desde o século XVII, do modo mais radical – eliminando-os simplesmente, reduzindo-os a quimeras sobre as quais não se poderiam construir teorias matemáticas respeitáveis. A rigor, a noção de limite, já disponível desde o século

---

22 Lembre-se de que, para Kant, os irracionais eram mais ou menos isso, não números, mas *regras* de desenvolvimento de sequências de racionais (concordando nesse ponto com Wittgenstein).

XVIII, dava conta dessas grandezas, substituindo-as por processos de passagem ao limite; mas a nova compreensão do contínuo aritmético que Cantor e outros traziam permitiu a definição rigorosa da noção de limite e outras noções do Cálculo. A isso tudo se convencionou chamar de *aritmetização da análise*.

Havia ainda à época de Cantor quem acreditasse ser possível, como Bois-Reinold, criar uma teoria matemática consistente dos infinitésimos. Cantor opôs-se tenazmente a essa ideia, por várias razões. Mas a maior, apesar de não confessada com todas as letras, talvez estivesse ligada ao fato de que a introdução de infinitésimos no contínuo aritmético, a se espremer entre os números reais, tornaria o problema de se descobrir afinal quantos pontos tem esse contínuo – o chamado problema do contínuo, a que Cantor dedicou, sem resultados, os seus melhores esforços, e que lhe custou pelo menos um naco de sanidade mental – muito mais difícil, talvez mesmo insolúvel. Apenas no século XX, com a criação da chamada análise não *standard*, mostrou-se que é possível desenvolver uma teoria consistente do contínuo aritmético com infinitésimos. Mas a demonstração desse fato requer resultados de lógica matemática que só virão muitos anos depois de Cantor, com o enorme desenvolvimento que a lógica inventada por Frege conhecerá no século XX.

A teoria dos conjuntos de Cantor nasceu assim da necessidade de um tratamento adequado do contínuo aritmético, mas tornou-se logo uma teoria de totalidades infinitas consideradas abstratamente, na verdade a primeira teoria matemática dessa natureza. Assim como o movimento (entendido genericamente em sentido aristotélico como uma mudança qualquer de posição ou estado) recebeu um tratamento matemático conveniente somente no século XVII, com a criação do Cálculo, o infinito só recebeu pleno direito de cidadania em matemática (apesar da oposição – viva ainda hoje – de alguns matemáticos de orientação finitista) com a criação da teoria dos conjuntos.

Cantor estendeu as noções de número cardinal – números que medem a quantidade de unidades de uma coleção – e número ordinal – os que determinam a posição de uma unidade numa fila bem-ordenada[23] de unidades – para além do finito, introduzindo toda uma escala de números ordinais e cardinais infinitos nunca antes imaginados. Números cardinais estão associados à ideia de quantidade, e ordinais, ao processo de contagem. Mas essas noções não são independentes, uma vez que é por meio de contagem que se atribui uma quantidade determinada a uma coleção de unidades (se bem que a noção de mesma quantidade, definível em termos de correspondência biunívoca, independa de contagens).

Talvez por amarrar de maneira inextrincável a contagem às capacidades humanas – pois o que seria isso senão um processo com começo e um fim, levado a cabo por um agente humano no tempo? – a tradição nunca concebeu números cardinais ou ordinais infinitos. Cantor liberou o processo de contagem de suas inessenciais limitações humanas, substituindo-o pela noção de boa ordem: uma boa ordem é uma contagem idealizada. Mas, de saída, aparecem diferenças. Enquanto coleções finitas sempre dão origem ao mesmo número ordinal – não importa como sejam contadas – que coincide com o número cardinal associado a elas, as coleções infinitas dão origem a diferentes números ordinais, dependendo da ordem em que são contadas. Mas apenas um desses ordinais coincide com o número cardinal da coleção, o menor deles. Essa é uma diferença característica entre coleções finitas e infinitas. Por exemplo, podemos contar os números naturais a partir de 0 (zero) na ordem usual, gerando uma particular ordenação, mas podemos também contar primeiro todos os pares, depois todos os ímpares, gerando uma ordenação diferente. Ou, dito de outro modo, essas são duas boas ordens distintas definíveis no conjunto dos números naturais[24].

Cantor demonstrou que não importa quão grande seja um número cardinal (ou ordinal), há sempre um outro maior do que ele, para além de qualquer limite quantificável, mostrando assim que existem vários infinitos, não um único. A quantidade de números cardinais e

---

23 Uma coleção de objetos é bem-ordenada quando seus elementos estão ordenados numa fila linear de tal modo que cada pedaço dela tem um primeiro elemento.
24 Há uma infinidade delas.

ordinais ultrapassa qualquer cardinalidade finita ou infinita, sendo imune à quantificação; não cabe a ela nenhum número, mesmo infinito. Isso mostra que a noção de infinito, entendido simplesmente como não finito, comporta distinções. Há um infinito matematicamente tratável, o infinito medido por números cardinais e ordinais, associados a quantidades e boas ordens determinadas, que Cantor chamava de *transfinito*, e um *infinito absoluto*, que não mede nenhuma quantidade *determinada* nem representa formalmente nenhuma contagem idealizada[25].

O problema do contínuo de Cantor trata justamente da questão de qual número cardinal transfinito corresponde ao contínuo aritmético. Cantor demonstrara que ele deve ser estritamente maior que a cardinalidade dos números naturais, inteiros ou racionais (esses todos, surpreendentemente, com a *mesma* quantidade infinita de elementos, a menor cardinalidade infinita). A hipótese levantada por Cantor é que a cardinalidade do contínuo é a primeira estritamente maior que a cardinalidade dita enumerável dos números naturais, inteiros ou racionais. Talvez uma das maiores frustrações de Cantor tenha sido sua incapacidade de demonstrar esse fato. Hilbert – que lhe dedicou um ensaio famoso intitulado "Sobre o infinito", em que esboça uma tentativa, fracassada, de demonstração da hipótese cantoriana – dava tamanha importância ao problema do contínuo que o colocou em primeiro lugar na sua lista de grandes problemas não resolvidos da matemática na virada para o século XX, apresentada ao congresso de matemáticos de Paris de 1900.

Gödel demonstrou, já na década de 30 do século XX, que a teoria de Cantor – então já formalizada e axiomatizada, por Zermelo principalmente – era incapaz de demonstrar a *falsidade* da conjectura cantoriana, deixando em aberto a possibilidade de que se pudesse eventualmente demonstrar a sua veracidade. Em 1963, porém, Cohen matou essa esperança: ele mostrou que a teoria dos conjuntos também é incapaz de demonstrar a *verdade* da hipótese do contínuo,

---

25 Nas modernas teorias de conjunto (por exemplo, Bernays-Gödel) esse infinito está associado a coleções denominadas classes próprias, que não são conjuntos.

a menos que essa teoria seja inconsistente, o que seria um desastre ainda maior. A situação hoje é a seguinte, precisamos estender a teoria dos conjuntos se quisermos decidir essa questão, mas não sabemos como, ou que critérios adotar para a incorporação de novos axiomas à teoria. E *essa* é uma questão filosófica, não matemática. O que mostra claramente a relevância de considerações de caráter filosófico para a prática matemática, pelo menos em casos extremos. Se quisermos decidir a hipótese do contínuo, teremos que filosofar sobre questões de natureza epistemológica, em particular quais credenciais deve exibir um enunciado matemático para que mereça ostentar a dignidade de axioma. Antigamente – pelo menos até o século XX – bastava-lhe a obviedade, agora precisamos de outros critérios. Os matemáticos, evidentemente, reivindicam para a matemática essa decisão, mas escolhas baseadas em critérios exclusivamente matemáticos correm o risco de parecerem arbitrárias. E, de qualquer modo, apelar para critérios extramatemáticos de seleção de axiomas sempre foi a prática *matemática*[26].

A teoria de Cantor, além de uma teoria matemática por direito próprio – a teoria de conjuntos abstratos e números infinitos –, desempenha também um papel fundacional, uma vez que é possível reduzir noções matemáticas, como a de número, a noções conjuntistas e definir em termos conjuntistas estruturas matemáticas quaisquer – o que transforma teorias como a aritmética, as geometrias e as teorias algébricas abstratas em aspectos da teoria dos conjuntos. Esse papel coloca a criação cantoriana no centro das atenções matemáticas, fazendo da filosofia da teoria dos conjuntos um capítulo singular da filosofia da matemática. A natureza ferozmente não construtiva de conjuntos e números infinitos faz da ontologia da teoria dos conjuntos um tópico de acirrada e apaixonada discussão e, como já menciona-

---

[26] A simplicidade ou riqueza de consequências desejáveis (e nenhuma indesejável), ou ainda a capacidade de ordenar de modo mais elegante a teoria são alguns dos critérios sugeridos na literatura para candidatos a axioma. Ou ainda, como querem alguns "naturalistas" herdeiros de Quine (por exemplo, P. Maddy), a indispensabilidade do candidato para a formulação da "melhor" teoria.

mos antes, a epistemologia tem na questão da indecidibilidade de alguns enunciados da teoria – a hipótese do contínuo e outros tão interessantes quanto ela, como a existência de certos cardinais muito grandes, que também não se pode demonstrar na teoria, quer pelo sim, quer pelo não – um assunto para animados debates.

Um outro tópico digno de atenção, e cujos desenvolvimentos permitiram tratar adequadamente, em particular, as questões relativas tanto às geometrias não euclidianas quanto à teoria dos conjuntos, foi a criação da lógica moderna por Frege. Apesar de inventada em razão de um projeto filosófico e fundacional: mostrar que a aritmética é redutível à lógica pura, a lógica de Frege sobreviveu ao fracasso desse projeto e abriu sendas insuspeitadas, nas ciências matemáticas e fora delas.

A lógica formal, isto é, o estudo das formas válidas de raciocínio, foi, como vimos, uma criação de Aristóteles. Mas essa ciência estava longe de contemplar a totalidade dos modos de dedução efetivamente utilizados na ciência e na vida prática, restringindo-se essencialmente às chamadas formas silogísticas. Um raciocínio tão elementar quanto este: se há alguém que todos respeitam, então todos respeitam alguém[27], não pode ser tratado no esquema aristotélico. Ao longo de toda a Idade Média, a lógica não avançou muito além do ponto onde Aristóteles a deixara, tanto que, já no século XVIII, Kant considerou-a uma ciência acabada. Mas falou cedo demais.

Leibniz havia lançado uma ideia que iria frutificar ao longo do século XIX, mudando radicalmente a face da lógica. Como vimos, ele concebera a possibilidade de um cálculo simbólico em que poderíamos expressar nossos juízos e levar a cabo sequências de raciocínio de modo puramente algorítmico, pela mera manipulação dos símbolos segundo regras: um *calculus ratiocinatur*. Apesar de suas tentativas, esse projeto permaneceu uma utopia, mas foi reavivado, já em meados do século XIX, por George Boole. Esse lógico inglês criou um sistema

---

27 Evidentemente a recíproca não vale. Do fato que todos respeitam alguém não se segue que há alguém que todos respeitem.

simbólico no qual se poderiam expressar alguns tipos de asserções e representar regras de dedução por meio de operações algébricas. Mas a lógica de Boole, porém, não contemplava esquemas inferenciais muito mais gerais que os de Aristóteles.

A lógica simbólica recebeu também contribuições importantes de Peano, Schröder e Peirce, mas foi com Frege que ela atingiu a maioridade, aproximando-se do ideal leibniziano. Frege criou uma *lingua characteristica* (um sistema simbólico de notação) rica o bastante para expressar asserções matemáticas, e um *calculus ratiocinatur* suficientemente potente para dar conta das deduções matemáticas. Mas para isso teve que alterar radicalmente o *approach* tradicional à análise estrutural das asserções.

Desde sempre se entendeu que a forma lógica de qualquer asserção é do tipo S é p, em que "S" denota o sujeito e "p" o predicado. "Sócrates é mortal" e "Todos os homens são mortais" eram ambas vistas como atribuições do predicado "é mortal" aos sujeitos, respectivamente, "Sócrates" e "Todo homem". Essa análise torna difícil, se não impossível, um tratamento adequado das asserções gerais, isto é, as asserções envolvendo as expressões (também chamadas de *quantificadores*) "todo" e "existe". Frege mudou isso. Certamente em virtude de sua formação matemática, ele preferia analisar asserções em termos de função – uma noção matemática – e objeto. "Sócrates é mortal" era vista por ele como o "preenchimento" do termo funcional "x é mortal", em que a variável "x" apenas marca uma posição vaga, pelo nome "Sócrates". Para Frege, a expressão "x é mortal" denota uma função, entendida como uma entidade objetivamente dada, e a asserção obtida pelo preenchimento dessa expressão pelo nome "Sócrates" – denotando esse o objeto Sócrates – denota, por sua vez, um dos dois valores de verdade, o Verdadeiro e o Falso (o Verdadeiro neste caso), que ele via como dois objetos lógicos.

Esse modelo de análise impõe estruturas bem distintas às asserções "Sócrates é mortal" e "Todo homem é mortal". A primeira tem a seguinte estrutura: $(x$ é mortal$)($Sócrates$)$; a segunda esta: (para todo x) (x é homem $\rightarrow$ x é mortal). A primeira expressão estabelece uma relação de atribuição entre um objeto e uma função; a segunda, expressa uma relação de subordinação extensional entre duas funções. Fica evidente também que essa análise isola o quantificador universal "para todo x", tornando possível, agora, tratar adequadamente o fenômeno lógico da generalidade.

Com as categorias de objeto e função (e a categoria subordinada de relação) como categorias centrais, Frege inventa uma linguagem simbólica particularmente apropriada para expressar asserções matemáticas. Ele estava, porém, particularmente interessado nas asserções aritméticas; seu objetivo era demonstrar o caráter lógico da aritmética mostrando que ela pode não apenas ser escrita em sua linguagem simbólica, mas também deduzida a partir de verdades gerais de natureza – ele assim acreditava – puramente lógicas. Para tanto não bastava a linguagem simbólica, fazia-se necessário também provê-la com um sistema de regras formais de derivação tais que sua aplicação não dependesse do conteúdo particular das asserções consideradas, mas apenas sua forma lógica. Ao fazer isso Frege cria um *calculus ratiocinatur*, um meio em que se pode pôr às claras as entranhas das asserções aritméticas, isto é, expor a sua verdadeira estrutura lógica, e conectá-las por relações de dependência lógica, isto é, em termos de pressuposto e consequência. Frege acreditava que ele poderia mostrar que os únicos pressupostos incondicionais de que dependem todas as asserções aritméticas são verdades lógicas universais. E isto demonstraria que a aritmética é nada mais que lógica pura. Veremos depois os detalhes do projeto fregeano, e as razões do seu fracasso como originalmente concebido.

Frege entendia seu sistema lógico-simbólico como um instrumento para fins fundacionais, não como um objeto de estudo ele próprio. Nem mesmo Bertrand Russell, posteriormente, ao retomar o projeto logicista e desenvolvê-lo em seu monumental *Principia Mathematica* (escrito a quatro mãos com o matemático e filósofo Alfred North Whitehead e publicado em 1910-1913), projetou o sistema simbólico que criara para o proscênio, fazendo dele o centro das atenções. Isso aconteceu depois.

Ao longo das primeiras décadas do século XX, culminando com os teoremas de Gödel de 1930 – que mostrava que o cálculo lógico dito de predicados de primeira ordem puro é completo, ou seja, que toda asserção verdadeira em todas as interpretações desse cálculo é demonstrável nele – e de 1931 – que demonstrava a incompletude da aritmética formal, ou seja, que há verdades aritméticas formalmente indemonstráveis –, a lógica só cresceu, contrariando espetacularmente o veredicto de Kant. Mas por essa época ela não era mais, como com Frege, apenas um meio para um fim, ela havia se tornado mais uma disciplina matemática, cujos objetos não eram números ou funções, mas sistemas lógico-formais eles próprios[28].

A lógica inaugurada por Frege, que certamente não poderia imaginar a imensa fertilidade das terras que desbravara, serviu também para atacar questões da teoria dos conjuntos de Cantor. Formalizando essa teoria e estudando-a como um sistema lógico, pode-se mostrar que ela também é incompleta, ou seja, que há asserções, como a hipótese do contínuo, que são indemonstráveis no sistema. Como a hipótese ela mesma é verdadeira, ou o é a sua negação, mas como nenhuma delas é demonstrável na versão formalizada da teoria dos conjuntos, então há asserções verdadeiras sobre conjuntos que são formalmente indemonstráveis. Mas a nova lógica não pára aí. Ela permitiu também a definição precisa de algoritmo e função computável, inaugurando o estudo das funções mecanicamente computáveis que serviu de base teórica para a revolução informática da segunda metade do século XX.

Mesmo o estudo das geometrias euclidiana e não euclidianas beneficiou-se dos novos desenvolvimentos da lógica. Hilbert, no começo do século XX, finalmente nos deu uma axiomatização correta e completa da geometria euclidiana em contexto formalmente adequado, além de mostrar a consistência interna das geometrias não euclidianas relativamente à aritmética fornecendo-lhes interpretações aritméticas. Hilbert criou também a metamatemática (sobre a qual falaremos

---

28 O que faz um sistema lógico-simbólico formal não é simplesmente o fato de ser simbólico – o sistema de Frege era simbólico, mas não era formal –, mas o fato de se prestar a múltiplas interpretações. O que abre a possibilidade de estudá-lo também sob esse aspecto, das suas interpretações e das relações entre elas, isto é, do ponto de vista semântico. Nesse *approach* sobressai o nome de Tarski, já bem dentro do século XX.

depois), cujo objetivo era formalizar a matemática como um sistema lógico-simbólico e demonstrar a sua consistência absoluta. Tudo isso seria inconcebível não fosse a nova lógica. Nada mal para uma ciência tida por Kant como acabada e por quase todos como estéril.

Mas essa caixa de Pandora virtuosa foi aberta com outras intenções. Frege queria com seu sistema apenas mostrar a natureza lógica da aritmética, contra Kant, na companhia de Leibniz. Vejamos o que ele tinha em mente.

3
FREGE
E O LOGICISMO

É evidente que a geometria e a aritmética têm características muito distintas. Mesmo que acreditemos, como Kant, que a geometria euclidiana seja a única verdadeira, podemos conceber geometrias não euclidianas, ao menos como possibilidades lógicas. Não podemos, entretanto, a não ser por uma flagrante irracionalidade, conceber aritméticas alternativas à aritmética usual. Ou melhor, podemos, mas até certo ponto. É possível imaginar uma aritmética nova que mantenha, entretanto, com a aritmética tradicional mais ou menos a mesma relação que a física relativística tem com a física newtoniana, isto é, coincidência, para todos os efeitos, no domínio da experiência usual. Podemos, por exemplo – o que seria razoável e, quem sabe, útil – tomar algum número muito grande, por exemplo, 10^{1000}, como o limite de qualquer processo de contagem, e todos os números a partir daí como indistinguíveis, o que equivaleria a admitir a existência de apenas uma quantidade finita de números distintos. Para números pequenos, confortavelmente distantes do ponto-limite, essa aritmética coincidiria com a usual, mas à medida que nos aproximássemos do número-limite as divergências apareceriam. Ora, é claro que esta aritmética não seria a nossa aritmética, mas também é óbvio que para todos os efeitos práticos isso não faria a menor diferença.

Que sentido, entretanto, tem dizer que 1 + 1 poderia não ser 2? Claro, uma gota d'água juntada a outra gota d'água continua sendo uma gota d'água. Mas isso, é óbvio, não é uma evidência para a asserção 1 + 1 = 1, pois mesmo que os meus olhos, isto é, meus sentidos, testemunhem que efetivamente uma gota d'água juntada a outra continua sendo uma gota d'água, meu entendimento me diz que aquelas duas gotas originais ainda estão lá, apesar de não detectáveis pelos sentidos. A gota resultante da fusão é una apenas em virtude de um novo conceito de unidade, e dizer que uma gota d'água juntada a outra resulta em apenas uma gota d'água envolve uma ambiguidade no conceito de unidade de contagem. Se formos coerentes quanto ao padrão de contagem, e preservarmos o sentido dos termos e operações numéricas, 1 + 1 só pode ser igual a 2.

Esse exemplo ilustra bem dois fatos: que não pode haver atribuição de um número a uma coleção de objetos a menos de um conceito que fixe uma unidade; e que atribuições de quantidade são operações do entendimento antes que da sensibilidade, para usar uma distinção kantiana. O próprio Kant admitiu que o número fosse um conceito do entendimento[1], por oposição aos conceitos geométricos, que são conceitos sensíveis. Para ele, ainda que sintéticas, as verdades da aritmética envolvem conceitos não sensíveis.

Kant acreditava que a geometria euclidiana descreve a estrutura intrínseca do espaço da intuição, mas ele não disse que a aritmética (dos números naturais) descreve de modo análogo a estrutura do tempo. Afinal, o tempo é um contínuo e os números naturais formam uma sucessão discreta. A correlação entre o espaço e a geometria parece bem mais natural que a correspondente correlação entre a aritmética e o tempo.

Além disso, enquanto a geometria, como a ciência do espaço, tem um domínio limitado – o espaço precisamente –, a aritmética é uni-

---

[1] Mas as atribuições e as operações numéricas envolvem sempre o tempo, que é uma das formas *a priori* da sensibilidade. Embora os conceitos numéricos sejam conceitos do entendimento, a *síntese* numérica exige um elemento externo aos conceitos, o tempo justamente. A aritmética não se reduz à mera análise dos conceitos numéricos.

versalmente aplicável. Afinal, *tudo* pode ser contado. Para Kant isso é explicável. Para ele, como sabemos, o espaço é a forma do sentido externo, e o tempo, do interno. Ora, como tudo que se apresenta a nós, o faz na forma de uma representação (nós não temos acesso, segundo Kant, às coisas elas mesmas), e como as representações são objetos do sentido interno, cuja forma é o tempo, tudo se apresenta à nossa consciência imerso no fluxo do tempo, e por isso pode ser contado. É no tempo que os fenômenos se distinguem, e a distinção é o fundamento do número. Já o espaço é a forma reservada ao sentido externo, é a forma dos fenômenos localizados fora de nós, mas acessíveis aos nossos sentidos. Anjos, quimeras, sentimentos, Deus, valores etc. não se qualificam como tais, não sendo, portanto, localizáveis no espaço. Mas, contrariamente, tudo isso pode ser contado, como representações imersas no tempo.

Há ainda outras assimetrias entre aritmética e geometria. Kant concedia que a geometria possuísse axiomas, mas não a aritmética. A razão, como vimos, era que para ele axiomas são verdades sintéticas e gerais. Kant, porém, acreditava que as verdades aritméticas ou eram sintéticas, mas particulares, ou gerais, mas analíticas. Que verdades *gerais* da geometria requeiram construções, mas que as da aritmética exijam apenas uma análise de conceitos, abre certamente as portas para o ceticismo quanto à natureza sintética da aritmética.

Ademais, a existência de geometrias mas não de aritméticas não euclidianas, parece indicar contra Kant, que a aritmética, mas não a geometria, é um corpo de verdades necessárias e universais. As verdades geométricas, por seu turno, limitam-se ao domínio dos objetos espaciais – ou seja, não são gerais –, e o espaço físico comporta uma estrutura não euclidiana, ao menos num certo nível de descrição – e, portanto, a geometria euclidiana não é uma ciência universal. Mesmo o espaço sensível em que se dão as nossas experiências cotidianas (não apenas o espaço habitado por corpos muito pesados que "deformam" sua geometria) *poderia* não ter uma estrutura euclidiana, se não fosse um mundo de corpos em geral rígidos.

Necessidade e universalidade são atributos que usualmente associamos à lógica. As verdades da lógica não podem ser negadas e, portanto, são necessárias; elas são também universais, pois nada que seja necessário pode ter validade restrita, pois isso abriria a possibilidade de que houvesse um contexto em que uma verdade necessária não valesse, o que é um absurdo. Então a seguinte pergunta parece inevitável: Leibniz, e não Kant, não teria talvez razão, pelo menos com respeito às verdades aritméticas, essas não seriam de fato analíticas? Gottlob Frege respondeu a essa pergunta com um sonoro "sim".

Ele, porém, não foi o primeiro a pôr em dúvida algumas das conclusões de Kant. Gauss já o havia feito antes, e não muitos anos depois de Kant expor seus pontos de vista. Em suas próprias palavras, Gauss estava

> [...] profundamente convencido de que a teoria do espaço ocupa uma posição inteiramente diferente com respeito a nosso conhecimento *a priori* daquele da [aritmética]; a perfeita convicção da necessidade e consequentemente a verdade absoluta que é característica desta é completamente ausente no nosso conhecimento daquela. Devemos confessar com toda humildade que o número é apenas um produto de nossa mente. O espaço, por outro lado, possui também uma realidade fora de nossa mente, cujas leis não podemos prescrever completamente *a priori*[2].

Está claro que, para Gauss, enquanto o conhecimento aritmético é *a priori*, universal e necessário, o conhecimento geométrico nem *a priori* é.

Apesar de concordar com Kant quanto à geometria, Frege acreditava que a aritmética é analítica, porém em um sentido de analiticidade diferente do de Kant. Mais precisamente, para Frege, a aritmética é redutível à lógica, ela nada mais é que pura lógica. Para fazer prevalecer esse ponto de vista, Frege engajou-se numa luta sem quartel contra as filosofias que, segundo ele, comprometiam o caráter puro da verdade aritmética; em particular os empiristas, para

---

2   Citado por Contance Reid em *Hilbert-Courant* (p.17). Que Gauss pensasse assim parece coerente com suas investigações sobre a possibilidade de se criar geometrias alternativas à geometria euclidiana.

os quais a verdade aritmética é uma generalização da experiência, fundada em sólida base indutiva; e os psicologistas, para os quais os números são entidades mentais e as verdades aritméticas dependem de leis empíricas que regulam nossos processos mentais, isto é, leis da psicologia. Porém, apesar de seu talento como polemista ácido (e frequentemente divertido), Frege nem sempre foi justo na análise dessas filosofias. Suas críticas ao empirista Mill ou aos primeiros trabalhos de Husserl[3], que mostrava alguma simpatia pelo psicologismo, caricaturaram seus pontos de vista a ponto de reduzi-los a uma paródia. O melhor de Frege não está nessas críticas.

A estratégia logicista de Frege começa com uma releitura das distinções kantianas. Frege nos alerta de saída para nunca confundirmos o lógico com o psicológico, e, portanto, evitarmos associar a distinção analítico-sintético a representações, como fez Kant. A razão é simples, representações são "cópias" das coisas em nossa mente, elas são objetos mentais, e qualquer tentativa de definir analiticidade em termos de representações mentais corre o risco de ser contaminada pelo *psicologismo*. Para Frege, essa distinção, assim como aquela entre *a priori* e *a posteriori*, é puramente lógica. Asserções (ou proposições, mas não mais juízos, como em Kant[4]) são analíticas ou não, *a priori* ou não, em razão de suas demonstrações, isto é, em virtude de seus fundamentos, não em razão das relações entre seus conteúdos.

Se uma demonstração possível de uma proposição envolve apenas leis lógicas gerais e definições, essa proposição é *analítica*; se, pelo contrário, qualquer demonstração dela lança mão de verdades de escopo limitado (como os axiomas da geometria), ela é *sintética*. Se há uma demonstração da asserção que se fundamenta apenas em verdades gerais, ela é *a priori*; se qualquer demonstração sua, porém, utiliza verdades particulares, embora não demonstráveis (como as asserções que expressam os dados imediatos dos sentidos), ela é *a posteriori*.

---

3   Em particular a sua *Filosofia da aritmética* de 1891, resenhada por Frege com toda a sua acidez característica em 1894.

4   A diferença é que uma proposição é uma entidade independente, um conteúdo passível de ser expresso por um juízo, mas, contrariamente a esse, não conectado a um sujeito e a um específico ato de julgamento.

Aparentemente essas definições constituem notável melhora com relação às definições originais de Kant. Desde que, claro, saibamos o que sejam verdades lógicas, e em que contexto devemos buscar e analisar as demonstrações em função das quais as proposições são classificadas como uma ou outra coisa.

Para resolver esses problemas Frege criou a lógica moderna. Sua estratégia consistia em fornecer um sistema de lógica, com um alfabeto (com suas regras gramaticais claramente explicitadas), leis gerais e regras de inferência explicitamente dadas de modo que, primeiramente, tivéssemos claro o que se entende por lógica – em particular, que linguagem essa lógica nos fornece – e verdades lógicas e, em segundo lugar, pudéssemos verificar sem ambiguidade se uma dada sequência de proposições constitui de fato uma demonstração, e quais são seus pressupostos. O passo seguinte seria definir todas as noções e termos aritméticos nessa linguagem e demonstrar todas as verdades aritméticas nesse sistema lógico. Se isso pudesse ser feito, pensava Frege, estaria demonstrado que a aritmética é analítica, ou seja, pura lógica. Até aqui tudo bem. Mas, como sabemos, o diabo mora nos detalhes.

O sistema lógico inventado por Frege é o que hoje se chama de lógica de segunda ordem[5]. Porém, nessa lógica apenas não se podem levar a cabo as demonstrações necessárias ao projeto de Frege, é preciso acrescê-la de uma lei básica que, infelizmente, não tem caráter lógico. Mas não nos apressemos, vejamos primeiro como Frege interpretava as asserções numéricas. O que, segundo ele, significa dizer que há quatro estações no ano, a *que* o número 4 está sendo atribuído?

Como já vimos, a tradição responde a essa questão em coro: números são atributos de coleções (de coisas, de unidades indiferenciadas, seja lá o que for). Frege discrepa. Para ele, números são atributos de *conceitos*. Dizer que há quatro estações no ano é dizer que quatro é o número de estações do ano. Para Frege, o número 4 se refere ao

---

5   Enquanto em lógica de *primeira ordem* a quantificação está restrita a variáveis que denotam objetos, em lógica de *segunda ordem* admitem-se variáveis – e quantificação sobre variáveis – que denotam propriedades de objetos, relações ou funções entre objetos ou conjuntos de objetos.

conceito "estações do ano", não à extensão desse conceito, a *coleção* de estações do ano. A diferença entre a formulação adjetiva "há quatro estações no ano" e a formulação substantiva "quatro é o número de estações no ano" é fundamental. Mostrar que o uso adjetivo de termos numéricos pode ser reduzido ao seu uso substantivo – mas não reciprocamente – desempenha um papel importante no argumento de Frege de que números são *objetos* (e objetos *lógicos* ademais). E essa é uma verdadeira ideia fixa de Frege.

Se denotarmos o conceito "estações do ano" por E a asserção numérica "há quatro estações no ano" pode, segundo Frege, ser escrita assim: 4 = NxEx, lido como "4 é igual ao número que pertence ao conceito E". Analogamente com todas as asserções numéricas. Uma pergunta agora é crucial: quando dois conceitos têm o mesmo número? A resposta, aparentemente óbvia, que Frege dá é a seguinte: quando existe entre as coleções de objetos aos quais eles se aplicam (suas extensões) uma correspondência um a um (biunívoca.) Assim, dados dois conceitos F e G, tem-se:

NxFx = NxGx ⇔ F ≈ G; onde o símbolo ≈ denota a correspondência biunívoca entre as extensões de F e G.

Esse princípio recebe na literatura o nome pouco apropriado de princípio de Hume. (Hume nunca o enunciou exatamente dessa forma, como insiste Dummett[6].) A partir dele é possível derivar a aritmética em lógica de segunda ordem. Tudo estaria em ordem não fosse o fato de que o princípio de Hume não pertence à lógica, pois não tem a generalidade que caracteriza os princípios lógicos. A razão é esta: chamemos de 0 o número do conceito "x≠x" (ou de qualquer outro conceito que não se aplique a nada). Seja 1 o número do conceito "x=0"; pelo princípio de Hume 0 ≠ 1. 2 é, por definição, o número de "x=0 ou x=1". É fácil de ver que 0 ≠ 2 e 1 ≠ 2. E assim

---

6 "Quando dois números são combinados de modo que um deles tem sempre uma unidade correspondendo a uma unidade do outro, nós dizemos que são iguais" (D. Hume, *Tratado sobre a natureza humana*, livro1, parte iii, §1).

sucessivamente; ou seja, o princípio de Hume permite mostrar que existem *infinitos* números. Ora, um princípio lógico não pode valer, como o princípio de Hume, *apenas* em contextos infinitos. Logo, ele não é um princípio lógico.

Há ainda um outro problema, o princípio de Hume não fornece um critério *geral* de identidade para números. Frege acreditava que números são objetos que existem independentemente de nós – ele era um *realista* em ontologia da aritmética (daqui a pouco veremos como se pode ser realista e logicista ao mesmo tempo). O problema era, para Frege, como distinguir os números de outros objetos. Ele ilustrou esse problema com um exemplo dramático. Como podemos saber que o objeto Júlio César, conquistador da Gália, não é um número? Em razão desse exemplo, o problema relativo a um critério de identidade que permita distinguir números de outros objetos é conhecido na literatura com o ridículo nome de problema de Júlio César.

Frege "resolveu" esse problema e o impasse gerado pelo caráter não lógico do princípio de Hume de uma só tacada. A saída, para Frege, foi definir os números *explicitamente*. Assim, tornava-se possível saber se qualquer candidato é, ou não, um número, bastando para isso verificar se ele satisfaz ou não a definição de número. Ademais, essa definição permite demonstrar o princípio de Hume em lógica de segunda ordem. Tudo parece correr na boa direção na redução da aritmética à lógica.

Mas atentemos um instante para a caracterização dos números como objetos. Como dissemos antes, Frege acreditava que os números são *objetos* que existem independentemente de nós. Embora existindo independentemente, e, portanto, objetivamente, os números não eram para ele objetos *reais* em nenhum sentido do termo. Isto é, não eram objetos físicos nem mentais. Frege fornece um exemplo prosaico de outras entidades objetivas, mas não reais, Por exemplo, o trópico de Capricórnio. Essa linha imaginária tem até localização no espaço, mas nenhuma propriedade física, ela existe objetivamente, mas não é um objeto real. O trópico de Capricórnio só existe na verdade, e só podemos localizá-lo, no contexto de um sistema de coordenadas e um conjunto de convenções de medida, fora disso não podemos nem sequer nos referir a ele e a expressão "trópico de Capricórnio" não tem um sentido determinado. O mesmo se passa com os números. Só podemos nos referir a eles no contexto de uma teoria que fala deles, isto é, a aritmética. Isso garante simultaneamente um *locus*, isto é, uma "residência" para esses objetos, e uma forma de acesso a eles. Os números existem no contexto da aritmética, eles "habitam" os espaços dessa teoria, para usar uma metáfora. E ademais nosso acesso a eles é mediado por essa ciência, só por meio da aritmética (que é uma ciência objetiva) podemos ascender ao domínio (objetivo) dos números. Isso tudo é consequência de um princípio que Frege considera fundamental, o chamado *princípio do contexto*: nunca pergunte pelo significado de um termo isoladamente, apenas em proposições os termos têm significado[7].

Tradicionalmente, a lógica é considerada a teoria geral das relações entre *conceitos*. Cabe-lhe fornecer as leis gerais dessas relações. A lógica não é senão a teoria das formas lógicas vazias. O que, então, objetos têm a ver com ela? Não obstante isso, Frege acreditava que a lógica podia nos prover com objetos de um tipo muito especial, objetos lógicos precisamente. Eles existem, segundo ele, apenas em virtude da lógica, e tudo o que há para se saber sobre eles se pode obter *a priori* apenas com lógica. Isso também pode ser entendido com o auxílio do princípio do contexto. Se pudermos mostrar que a aritmética é redutível à lógica pura, então, como os números só existem no contexto da aritmética (princípio do contexto), teremos mostrado que, na verdade, eles só existem no contexto da lógica, isto é, os números são eles próprios objetos lógicos. Mas o que são *exatamente* esses objetos? A resposta de Frege parece afastá-lo um pouco de uma diretriz que ele havia prometido nunca abandonar: não confundir objetos com conceitos. Como veremos, esse *détour* vai lhe custar caro.

---

[7] Os outros dois princípios básicos são: nunca confundir o lógico com o psicológico, o objetivo com o subjetivo; e nunca perder de vista a distinção entre objeto e conceito.

A todo conceito corresponde a totalidade dos objetos aos quais ele se aplica, a sua extensão. Essa é uma noção lógica clássica que Frege vai usar para seus propósitos. Dado um conceito qualquer C, a extensão de C (extC) é, segundo Frege, não apenas um objeto, mas um objeto lógico precisamente. A distância entre objetos e conceitos está assim drasticamente reduzida. O número de C é definido simplesmente como a extensão do conceito, "conceito cuja extensão está em correspondência biunívoca com a extensão de C". Ou seja:

$$NxCx = ext(X: X \approx C)$$

Assim definidos números são os objetos lógicos que, para Frege, deveriam ser. Chamamos de *equinúmeros* os conceitos cujas extensões estão em correspondência biunívoca, pois, pelo princípio de Hume, eles têm o mesmo número. Assim, o número de C é a extensão do conceito "equinúmero a C". Como esse é um conceito que se aplica a outros conceitos, dizemos que ele é um conceito de segunda ordem. Zero (0) é a extensão do conceito "equinúmero a x≠x"; 1 é a extensão do conceito "equinúmero a x = 0"; e assim sucessivamente. Um objeto qualquer é um número se existir um conceito do qual ele seja o número; isto é, se existir um conceito C tal que ele seja a extensão do conceito equinúmero a C (a definição de número *finito* é um pouco mais elaborada). Logo, Júlio César não é um número, pois não é uma extensão (claro, podemos complicar a vida de Frege perguntando: como sabemos disso? Mas deixemos isso de lado). Gaio Júlio já pode descansar em paz.

O princípio de Hume segue diretamente dessa definição de número no contexto da lógica de Frege. Vejamos como. Sejam F e G dois conceitos, temos que (*) $F \approx G \Leftrightarrow (X)(X \approx F \Leftrightarrow X \approx G)$. Um dos princípios fundamentais do sistema de Frege é a hoje infame (veremos logo porque) Lei Básica V: as extensões de dois conceitos são idênticas se, e só se, esses conceitos se aplicam às mesmas coisas. Aplicando esse princípio aos conceitos "equinúmero a F" e "equinúmero a G", temos que ext(X: X ≈ F) = ext (X: X ≈ G) – isto é, NxFx = NxGx – se, e só se, todo conceito equinúmero a F é equinúmero a

G, e vice-versa. Por (*), F ≈ G. Ou seja, NxFx = NxGx ⇔ F ≈ G, e esse é o princípio de Hume.

Até aqui, tudo bem. Mas depois de todo o trabalho feito, em 1902, Frege recebe uma carta de Bertrand Russell (1872-1970) desalojando uma pedra do fundamento de todo o edifício a duras penas erguido[8]. Vejamos primeiro como definir a relação de pertinência entre um elemento e uma extensão, ou classe:

Definição: $x \in y \Leftrightarrow (\exists F)(Fx$ e $y = \text{ext}F)$, onde F é um conceito.

Seja $a = \text{ext}F$; logo, $x \in a \Leftrightarrow (\exists G)(Gx$ e $a = \text{ext}G)$; mas, pela Lei Básica V, $\text{ext}F = \text{ext }G \Leftrightarrow (z)(Fz \Leftrightarrow Gz)$; portanto, $x \in a \Leftrightarrow (\exists G)(Gx$ e $(z)(Fz \Leftrightarrow Gz))$; logo, $x \in a \Leftrightarrow Fx$. Ou seja, $x \in \text{ext}F \Leftrightarrow Fx$. Definamos agora, escreveu Russell, o conceito R "extensão que não contém a si própria"; como extensões são objetos, isso parece fazer sentido. O problema começa agora: a extensão desse conceito pertence ou não a si própria? Seja $a = \text{ext}R$, como vimos acima, $a \in a \Leftrightarrow R(a) \Leftrightarrow a \notin a$, um absurdo. Como todo o argumento de Russell pode ser rigorosamente formalizado na lógica de Frege, o paradoxo de Russell (pois é assim que esse argumento ficou conhecido) demonstra que essa lógica é inconsistente, isto é, ela demonstra asserções contraditórias, sendo assim tão boa quanto nada. Tirada a base, o programa logicista de Frege desmorona. O próprio Frege se convenceu disso depois de infrutíferas tentativas de corrigir o estrago causado por Russell alterando de modo mais ou menos ad hoc a lei básica número V, responsável pela débâcle do projeto e cuja validade, segundo testemunho do próprio Frege, nunca lhe parecera óbvia[9].

---

8   Russell descobriu o paradoxo que leva seu nome em 1901. Alguns anos antes Burali-Forti descobrira um paradoxo na teoria dos conjuntos de Cantor envolvendo a noção de número ordinal. O paradoxo de Russell parece mais sério porque envolve apenas noções que, aparentemente, são puramente lógicas. (Zermelo, o matemático que colocou a teoria de Cantor em bases axiomáticas, afirmava ter descoberto o paradoxo de Russell antes dele.)

9   Segundo Frege, ele só admitiu essa lei porque não via outra possibilidade.

O paradoxo de Russell foi uma das estrelas de uma quase "estação de paradoxos" que se instalou por essa época. Eles pipocavam por todos os lados e instauraram a chamada "crise dos fundamentos". Se o paradoxo de Russell punha em xeque noções tão intuitivas no campo da própria lógica, e o de Burali-Forti levantava dúvidas com respeito à teoria dos conjuntos de Cantor, o paradoxo de Richard[10] criava embaraço à própria noção de definição. Alguns, como veremos no próximo capítulo, achavam que o abandono da intuição havia ido longe demais, que os matemáticos haviam se tornados excessivamente formalistas e que urgia recolocar a matemática sobre as bases seguras da verdade manifesta na intuição imediata. Ou seja, um retorno a Kant. Mas houve também quem insistisse no projeto de Frege.

O logicismo depois de Frege

Bertrand Russell

Russell não foi tão pessimista quanto Frege sobre o destino do programa logicista após o descobrimento do paradoxo que leva o seu nome. Pois, pensava Russell, o problema não estava tanto nas leis do sistema lógico de Frege quanto nas definições que ele permitia. A classe de Russell, afinal, foi definida fazendo-se menção à *totalidade* dos conjuntos (ela é o conjunto de *todos os conjuntos* que não pertencem a si próprios). A definição dessa classe em termos de uma totalidade que a contém, acreditava Russell, é a origem do problema. Essas definições – ditas impredicativas – não deveriam ser permitidas, argumenta Russell, pois elas definem um termo (ou, se quisermos, um objeto) por menção indireta a ele próprio. (Como veremos no

---

10 Uma variante do paradoxo de Richard é a seguinte: considere o conjunto de todos os números naturais definíveis com menos de cem palavras, esse conjunto é finito, logo existe um menor número natural não definível com menos de cem palavras. Ora, esse número está definido pela sentença anterior – que tem menos que cem palavras –, o que constitui uma contradição.

próximo capítulo, o matemático e filósofo da matemática Henri Poincaré também suspeitava das definições impredicativas.) Mas, para Frege, a análise de Russell, colocando a culpa do paradoxo nas definições impredicativas, de nada servia. Pois, segundo ele, os objetos lógicos, números ou extensões em geral, existem independentemente de suas definições. Frege foi um realista, como já dissemos, e os realistas não têm por que suspeitar de definições impredicativas (uma vez que definições, como Gödel irá argumentar, não criam, mas apenas selecionam objetos que já existem independentemente das definições). Russell, por sua vez, foi um nominalista com respeito a conjuntos; para ele, conjuntos não existiam, e toda menção a eles poderia ser reescrita de modo a eliminar essa referência[11]. O sistema de Russell envolve apenas *funções proposicionais*, isto é, a expressões do tipo "*x* satisfaz a propriedade *P*" – onde a variável *x* denota um objeto indeterminado e a constante *P* uma propriedade determinada. A expressa $a \in x{:}f(x)$ – isto é, *x* pertence à classe dos *x* tais que $f(x)$, em que $f(x)$ é uma função proposicional – pode ser reescrita simplesmente como $f(a)$. Assim, para Russell a proibição de definições impredicativas – o *princípio do círculo vicioso*, como ele o chamou – fazia todo o sentido, já que havia que cuidar para que o domínio de variação da variável de uma função proposicional não incluísse essa função ela própria.

Essa restrição impôs ao projeto de Russell de levar adiante o programa logicista de Frege enormes complexidades técnicas. O sistema de lógica em que a aritmética (pelo menos, mas não a geometria, que Russell, como Frege, acreditava ser uma teoria do espaço) deveria ser desenvolvida é muito mais elaborado e artificial que o de Frege. Mas não foi por isso mais feliz. Mesmo se não produziu inconsistências,

---

11 Russell tira essa ideia da sua *teoria das descrições definidas*, que permite que se reescreva uma asserção de modo a eliminar referência a objetos que não existem. Por exemplo, a asserção "o atual rei da França é calvo" – que envolve referência a um objeto inexistente, o atual rei da França, o que torna a asserção desprovida de significado – pode ser reescrita como "há um único indivíduo que é atualmente o rei da França e este indivíduo, ademais, é calvo". Essa asserção, agora, é uma asserção existencial significativa que, ademais, é falsa.

e permitiu, de fato, a derivação de partes relevantes da matemática, o sistema de Russell não pôde prescindir de alguns axiomas que dificilmente poderiam ser considerados lógicos. Em particular o axioma que afirma a infinidade dos objetos. Como já vimos, um axioma lógico não deve ter nada a ver com quantos objetos existem, uma vez que deve ser válido não importa quantos objetos existam. E esse não é o único axioma suspeito. Há ainda outro, puramente *ad hoc*, isto é, desenhado para um fim, o de permitir a derivação de teoremas matemáticos, que ao fim e ao cabo permite uma forma indireta de definição impredicativa. Por tudo isso, o logicismo de Russell não foi mais bem-sucedido que o de Frege.

Independentemente disso, há coisas positivas nele. Ao abandonar classes em detrimento de entidades linguísticas, Russell não acata, como fez Frege, a existência de objetos lógicos, e recoloca a lógica em seu trilho tradicional: uma teoria de *formas* lógicas, não de *objetos*, ainda que suspeitos objetos lógicos.

O neologicismo

Há nos dias de hoje uma revitalização do projeto fregeano, chamado às vezes de neologicismo. Esses saudosistas observam, corretamente, que a Lei Básica V só é utilizada por Frege para demonstrar o princípio de Hume, a partir do qual toda a aritmética pode ser derivada em lógica de segunda ordem. Se estivermos dispostos a considerar o princípio de Hume como uma verdade lógica, e a lógica de segunda ordem como lógica de fato (há controvérsias e oposição séria a ambas essas teses), Frege estará vindicado. Se, como vimos, o princípio de Hume de modo algum pode ser considerado um princípio lógico, talvez, raciocinam os neologicistas, se possa ao menos considerá-lo como uma verdade analítica, ainda que em um sentido não fregeano (e por certo também não kantiano). A identificação do lógico com o analítico é uma invenção de Frege, mas nós podemos muito bem definir o conceito de analiticidade diferentemente.

Como vimos, segundo Kant, um enunciado é analítico se a representação expressa pelo sujeito do enunciado contém a representação expressa pelo predicado. Se abandonarmos esse modo de falar e atentarmos apenas para o enunciado e os *significados* que ele articula, podemos definir um enunciado como analítico se o *significado* do termo sujeito contém o *significado* do termo predicado. Retiramos assim a distinção do domínio das representações para colocá-la no domínio da linguagem. E, note, não mais exigimos, como Frege, que o enunciado seja de algum modo redutível a verdades lógicas. Podemos simplesmente dizer que um enunciado analítico verdadeiro o é exclusivamente em razão dos significados envolvidos nele.

Essa ênfase linguística pode ser remetida a Wittgenstein e seus herdeiros do círculo de Viena (Carnap em especial) e do positivismo lógico em geral. Esse ponto de inflexão em filosofia, chamado às vezes de "virada linguística" (*linguistic turn*), insere-se numa tradição filosófica essencialmente austríaca (sendo Bolzano um de seus "pais"), que já foi chamada (por A. Coffa) de tradição semântica. Desenvolvida principalmente em reação a Kant, essa vertente filosófica busca explicar o conhecimento *a priori*, como o da matemática, sem apelar para as intuições puras de Kant. Desprovidos dessas intuições e sem poder apelar para os sentidos, sobrava a esses filósofos a linguagem para dar conta do conhecimento *a priori*. Verdades *a priori* serão então vistas como verdades da linguagem. Assim como certas verdades aparentemente empíricas são apenas regras para o uso de certos termos empíricos (por exemplo, esta: o metro padrão em Paris mede 1 metro, que não expressa uma verdade empírica, mas apenas o significado do termo "metro"), há em geral "verdades" que nada mais são que regras para o uso correto da linguagem.

Consideremos agora o princípio de Hume, seria ele, mesmo que não lógico, um enunciado analítico? Os neologicistas acreditam que sim. Para eles, esse princípio é simplesmente uma regra semântica para o termo NxFx. Em outras palavras, ele explicita o *significado* da expressão "o número de F's". Desse modo, mesmo que não redutível à lógica, a aritmética seria ainda assim analítica.

Resta saber se a lógica de segunda ordem é de fato lógica. Quine achava que não. Para ele a lógica de segunda ordem é teoria dos conjuntos em disfarce[12]. Mas, mesmo que ele tenha razão, isso não fecha a porta na cara dos neologicistas. Afinal, a teoria dos conjuntos também pode ser analítica nesse sentido semântico moderno. O fato é que o projeto neologicista está vivo e passa bem (aparentemente). Mas o próprio Quine coloca em dúvida o fundamento desse projeto, a definição semântica de analiticidade. A noção de asserção analítica depende da noção de significado, mas Quine questiona se há de fato *algo* determinado que seja o significado de uma expressão. Em geral a noção de significado é invocada para explicar a *comunicação*, quer entre os usuários de uma mesma língua, quer entre os de línguas diferentes, por meio de traduções que *conservam o significado*. Um segundo de reflexão sobre as vicissitudes da comunicação humana já bastaria para acender a desconfiança sobre a realidade da boa determinação do significado das expressões que usamos. Mas mesmo que a perfeita comunicação fosse possível, talvez não haja ainda assim significados sendo transferidos por meio dela. Quine monta um argumento para mostrar que não há mesmo. Se aceito, esse argumento impede que se defina analiticidade em termos de significado. Para Quine não há uma distinção clara entre enunciados analíticos e sintéticos (o que coloca um grande problema para o positivismo lógico, que leva essa distinção a sério).

Quanto à matemática, para Quine, ela é apenas um instrumento para a ciência e é somente tão verdadeira quanto ela. Para ele, a matemática descreve um domínio de objetos que existe apenas porque a ciência precisa deles. Ainda para ele, a matemática é, em certo sentido, *a posteriori*, pois pode ser falsificada se a ciência em razão da qual existe for falsificada pela experiência. Se isso não ocorre com frequência, ele acredita, é porque as "verdades" matemáticas estão entranhadas de tal modo em nossos esquemas teóricos que preferimos acomodar nossa experiência à matemática que esta àquela.

---

12 Além disso, a lógica de segunda ordem não é completa, ou seja, as noções de expressão de segunda ordem verdadeira em qualquer contexto e expressão logicamente demonstrável não são equivalentes.

Uma variante ontológica de logicismo: Edmund Husserl

Há ainda outras formas de logicismo em filosofia da matemática, mencionemos uma última. Edmund Husserl (1859–1938), o criador da fenomenologia – uma vertente filosófica extremamente importante na Europa no século XX –, acreditava que à lógica não cabia apenas investigar leis *a priori* no domínio dos enunciados, mas também leis análogas no domínio mais geral dos objetos considerados apenas como tais, independentemente de outras determinações. Para Husserl a lógica é a teoria mais geral da ciência; ora, a ciência é um corpo de *asserções* verdadeiras sobre *objetos*. Assim, caberia à lógica investigar, por um lado, como devem ser formadas as expressões para que sejam capazes de expressar a verdade (morfologia lógica), como a verdade é transmitida de expressões para expressões (teoria da dedução) e como teorias relacionam-se entre si (teoria dos sistemas dedutivos), e, por outro, as leis mais gerais a que os objetos obedecem necessariamente apenas por serem objetos (ontologia formal).

As teorias dos conceitos aplicáveis a objetos quaisquer pertencem assim à ontologia formal e, *a fortiori*, à lógica. Por exemplo, os conceitos de número e conjunto, pois qualquer coisa pode ser contada, e quaisquer coisas podem ser colecionadas. A aritmética e a teoria dos conjuntos pertencem assim à lógica. Seus princípios básicos (axiomas) expressam o significado dos conceitos envolvidos, sendo, portanto, verdadeiros em virtude apenas de significados. Essas teorias são analíticas, se ainda entendemos que uma verdade é analítica se sua veracidade depende apenas dos significados envolvidos no enunciado.

Como vemos, Husserl comunga com os positivistas lógicos uma noção de analiticidade em razão de significado. Na verdade, a noção de analiticidade de Husserl (derivada de Bolzano) é a seguinte: um enunciado é analítico se for verdadeiro e permanecer verdadeiro por qualquer substituição dos nomes que ocorrem nele por outros nomes quaisquer. Ou seja, asserções analíticas são verdadeiras em razão apenas de sua estrutura formal. $1x + 1x = 2x$`s é um enunciado analítico porque sua veracidade não depende do que x denota.

A Geometria e outras disciplinas matemáticas, como a Mecânica racional, por sua vez, não pertencem à lógica. Seus conceitos têm domínio limitado; no caso da Geometria, aplicam-se tão somente ao espaço, no caso da Mecânica, a forças. Os enunciados verdadeiros da Geometria não permanecem verdadeiros alterando-se a referência dos nomes que aparecem neles. São, portanto, sintéticos, ainda que *a priori*. No jargão de Husserl a geometria é uma ontologia regional, isto é, a teoria dos objetos de uma região limitada de objetos – nesse caso, a região dos corpos extensos – apenas como objetos dessa região. Apesar de *a priori*, para Husserl, as ontologias regionais são, como regionais, sintéticas; apenas as ontologias formais são analíticas.

Apêndice Definição por abstração matemática: reduzindo igualdades a identidades

A definição fregeana de número de um conceito é exemplar de um método *standard* de definição em matemática, chamado geralmente de *definição por abstração* ou *definição criativa*. Por esse método, novos objetos são definidos (ou criados, se entendermos o processo em chave construtiva) a partir de objetos dados; no caso de Frege, os números. Em geral, o processo de "criação" funciona assim: define-se num domínio qualquer de objetos uma relação de equivalência R (isto é, uma relação binária entre esses objetos que goza das propriedades reflexiva: qualquer elemento está na relação R consigo mesmo; transitiva: se a está na relação R com b, e este nessa mesma relação com c, então a está na relação R com c; e simétrica: se a está na relação R com b, então b está na relação R com a). Para cada objeto a do domínio, introduz-se agora um novo objeto $[a]$, com a seguinte definição de identidade para os novos objetos: $[a] = [b] \Leftrightarrow aRb$. Objetos *iguais* segundo certo aspecto, isto é, que compartilham a propriedade de pertencerem à mesma família de elementos do domínio de R que estão entre si nessa relação, dão origem a objetos *idênticos*, como se escolhêssemos ignorar qualquer outra propriedade que os distinga.

No caso de Frege para cada conceito F "cria-se" o objeto NxFx; a relação de equivalência é, nesse caso, a relação de equinumerosidade ≈. Assim, NxFx = NxGx ⇔ F≈G, que é simplesmente o princípio de Hume. Frege, na verdade, define *explicitamente* esse novo objeto como NxFx = ext(X: X ≈ F), o que requer que saibamos o que seja a extensão de um conceito. Para Frege, essa era uma noção lógica que não requeria maiores cuidados: qualquer conceito gerava uma extensão e a igualdade entre extensões era garantida pela equivalência extensional entre os respectivos conceitos, a Lei Básica V. Até, claro, Russell mostrar-lhe o desastre a que essa atitude conduzia.

Em matemática moderna, e com isso quero dizer a matemática fundada na nossa (aparentemente consistente) teoria dos conjuntos, procede-se da mesma forma: define-se [a] como a *classe de equivalência* determinada no domínio por R: [a] = {x: aRx}. Pelo princípio de extensionalidade para conjuntos: [a] = [b] ⇔ (x)(x∈ [a] ⇔ x∈ [b]); ou seja, [a] = [b] ⇔ aRb. O princípio de identidade para os novos objetos é, assim, uma consequência do princípio de extensionalidade para conjuntos. Para que Frege pudesse mostrar, de modo análogo, o princípio de Hume a partir da definição NxFx = {G: F ≈ G}, ele também precisou de um princípio de extensionalidade, precisamente a Lei Básica V. A diferença é que a teoria dos conjuntos de Frege era inconsistente; a nossa, pelo contrário, que não nos dá tanta liberdade de definir conjuntos, mostra-se confiável – até o momento.

Frege nos ofereceu ainda um outro exemplo, inócuo este, de definição por abstração, a de *direção* de uma reta: a partir da relação de paralelismo entre retas, define-se, por abstração, a direção de uma reta como o conjunto das retas paralelas a ela.

Mas nem sempre as definições por abstração foram entendidas assim: novos objetos definidos *como* classes de equivalência. Dedekind[13], por exemplo, ao introduzir a noção de corte de números racionais, e por meio dela os números reais, não *identificava* esses novos números com os cortes que os determinavam, como seria de esperar tivesse ele a compreensão que temos hoje do processo de definição por abstração. Pelo contrário,

---

13   *Continuity and irrational numbers* [Dedekind, 1963].

os cortes, para ele, apenas *singularizavam* os reais que determinavam, cabendo-lhes garantir condições de identidade entre os reais (dois reais seriam idênticos se os cortes que os caracterizavam fossem extensionalmente equivalentes). Mas os números reais eram entidades *distintas* de seus cortes. Russell (1964) e Frege precisamente foram críticos dessa desnecessária multiplicidade ontológica. Se, segundo Dedekind, *tudo* o que podemos saber sobre os números reais podemos descobrir examinando os cortes que os determinam, por que manter cortes e números reais apartados como entidades distintas? O método de definição por abstração, como o entendemos hoje, atentos que somos às críticas e às atitudes de Frege e Russell, é também um instrumento de redução ontológica, permitindo a eliminação de entidades matemáticas desnecessárias em favor de conjuntos de entidades já existentes. Este foi o caminho que a matemática seguiu a partir da criação de uma teoria de conjuntos mais confiável que a de Frege – com Cantor, Zermelo e Gödel, entre outros: a redefinição – e consequente eliminação – das entidades matemáticas em termos conjuntistas. Isso acabou por entronizar a moderna teoria de conjuntos como o fundamento por excelência da matemática contemporânea.

Como já notamos, o fracasso do projeto fregeano poderia reacender a chama kantiana, fazendo o pêndulo retornar para o lado dos cultores da intuição, mas historicamente o papel de induzir esse movimento coube ao formalismo, em especial o de Hilbert. Munido da lógica criada por Frege, o formalismo hilbertiano deixava o campo livre para as criações puramente formais da matemática, reservando à intuição apenas os domínios metamatemáticos. Contra isso se insurgiu Brouwer, fortemente influenciado por Kant e Poincaré. Este último já havia entoado a sua catilinária contra os "logicistas", como ele chamava todos os que buscavam eliminar a intuição dos fundamentos da matemática. Brouwer persevera nessa crítica, radicalizando-a, inclusive tomando a peito a tarefa de reformular a totalidade da matemática em bases que lhe eram aceitáveis. Nos capítulos seguintes estudaremos esses dois grandes projetos fundacionais e as filosofias da matemática a eles associados, o intuicionismo – e, mais geralmente, o construtivismo – e o formalismo.

4
O Construtivismo

Considerando a linguagem e os métodos caracteristicamente construtivos da matemática grega, o construtivismo remonta à Antiguidade clássica. Mas como uma filosofia da matemática, em particular uma ontologia e uma epistemologia, ele é mais moderno; Kepler foi talvez o primeiro a dizer explicitamente que uma figura geométrica não construída não existe. Mas o pioneiro na elaboração de uma filosofia construtivista da matemática foi Kant e, de um modo ou de outro, todos os filósofos da matemática de orientação construtivista são seus herdeiros.

Como vimos antes, Kant exigia que os enunciados geométricos e aritméticos verdadeiros fossem intuitivamente justificados (isto é, demonstrados por meio de construções intuitivas), e os conceitos numéricos e geométricos, construídos (isto é, seus exemplos deveriam ser apresentados *a priori* na intuição pura). Kant não hesitou em banir da matemática tudo o que não fosse atual ou potencialmente construído, como as raízes quadradas de números negativos. Segundo ele, essas raízes são pseudonúmeros, por não admitirem exemplificação intuitiva (na verdade, para Kant, a própria noção de número imaginário era absurda, como já dissemos).

Foi, porém, no final do século XIX e, principalmente, nas primeiras décadas do século XX que o construtivismo ganhou ímpeto. E não é difícil entender por quê. Por essa época os matemáticos já haviam logrado reduzir as noções da análise – como as de limite, convergência e continuidade – a noções da aritmética dos números reais, desenvolver a teoria dos números reais em termos da aritmética dos números racionais e reduzir a aritmética dos racionais à aritmética usual dos inteiros não negativos. Isso foi o que se chamou desde então de *aritmetização da análise*. Essa redução dos conceitos da análise a conceitos aritméticos eliminava de vez qualquer necessidade de se lançar mão de entidades dúbias, como os infinitésimos dos primórdios do Cálculo[1].

Restava então a questão: e a aritmética dos inteiros não negativos, em que bases assentá-la? Dedekind, um dos principais atores do processo de aritmetização, debruçou-se sobre esse problema, realizando um elaborado escrutínio dos conceitos aritméticos. Devemos a ele a axiomatização usual da aritmética, se bem que esses axiomas tenham passado para as gerações futuras com o nome de Peano, o matemático que os divulgou por meio de um sistema de notação que criara.

Para Dedekind, os números naturais constituem o menor sistema bem-ordenado de objetos que satisfaz toda propriedade hereditária (é hereditária uma propriedade satisfeita pelo primeiro elemento do sistema e que é herdada pelo sucessor de qualquer elemento que a satisfaça). Dedekind mostrou que existe um *único* sistema com a propriedade de ser o menor sistema que satisfaz toda propriedade hereditária. Esse sistema é o conjunto dos números naturais. No espírito logicista de Frege – que desenvolvia sua teoria lógica da aritmética na mesma época em que Dedekind trabalhava na dele – Dedekind logrou uma caracterização dos números naturais e uma fundamentação da aritmética sem nenhum apelo à intuição. Posteriormente, Poincaré – um construtivista – criticou essa definição por acreditar que ela

---

[1] Há ainda, talvez, outros fatores a serem considerados na gênese da voga construtivista. Por exemplo, era popular por essa época uma filosofia das ciências naturais, o operacionalismo, que remetia o significado de noções científicas aos seus aspectos quantitativos e métodos para medi-los. Essa filosofia havia conhecido, no começo do século XX, a partir da criação da teoria especial da relatividade em 1905, uma espécie de comprovação, que de certa forma recomendava sua extensão a outras áreas da ciência.

envolvia um círculo vicioso, já que definia a propriedade "número natural" em termos de uma classe, a das propriedades hereditárias, que contêm a propriedade em questão. (Poincaré e Bertrand Russell chamavam de *impredicativas* essas definições circulares. Segundo eles, elas eram responsáveis pelos paradoxos da crise dos fundamentos.)

Muitos filósofos se debruçaram sobre o problema fundacional daquela época: justificar o conhecimento aritmético. Alguns optaram por soluções epistemológicas de tipo psicologista, procurando dar conta desse conhecimento em termos de uma psicologia do conhecimento. Husserl, na sua *Filosofia da aritmética* de 1891, apesar de não ser um psicologista em sentido próprio, apresentou uma epistemologia – mas não uma ontologia – da aritmética que poderia ser assim interpretada. Mas as anotações que Husserl deixou para o nunca publicado segundo volume da *Filosofia da aritmética* mostram que, antes mesmo de publicada essa obra, ele já havia reconhecido as limitações desse tratamento dos conceitos numéricos.

Frege tomou o caminho oposto ao psicologismo. Ele procurou, no espírito de Leibniz, reduzir a aritmética à lógica (além de criticar acidamente qualquer resquício de psicologismo nos fundamentos da aritmética, em particular em sua resenha da *Filosofia da aritmética* de Husserl, de 1894). Outros ainda, como Kronecker, preferiram ver os números naturais como uma dádiva divina. É famoso o seu dito "O bom Deus criou os números naturais, o resto é invenção humana", que mostra que, para ele, a aritmetização da análise não era apenas uma redução de natureza epistemológica, mas também ontológica.

Outros construtivistas, como Poincaré e Brouwer, preferiram deixar Deus e a lógica de lado para apelar para a intuição humana. Eles acreditavam que é no interior da consciência humana e suas vivências que os números naturais se constituem e suas verdades se fundamentam. Não há, segundo eles, como definir esses números em termos mais elementares. Poincaré, além de ridicularizar todo o projeto logicista, criticou, como mencionamos há pouco, as tentativas de Dedekind de definir o conceito de número natural. São esses os herdeiros legítimos de Kant.

Assim, o construtivismo do início do século XX floresceu numa época em que urgia encontrar uma resposta para o problema da natureza do número e do conhecimento aritmético, uma vez que a aritmética, depois da aritmetização da análise, era o alicerce de toda a matemática, ou pelo menos das partes essenciais dela. Os construtivistas vão buscar esse fundamento, esse porto seguro, na intuição. Para eles, em termos epistemológicos e ontológicos, a aritmética está para a matemática mais ou menos como os axiomas de uma teoria axiomática estão para os seus teoremas, e como aqueles só poderia ser justificada intuitivamente.

Segundo Poincaré, a "percepção" intuitiva de um sistema de unidades em sucessão ininterrupta (e, portanto, nunca acabada, o que desqualifica a existência de um conjunto realmente infinito de números naturais), satisfazendo o princípio de indução completa (ou finita: toda propriedade satisfeita pelo primeiro número natural e que, ademais, é satisfeita pelo sucessor de todo número que a satisfaz, é satisfeita por todo número natural), era um dado imediato de consciência que não requeria nenhuma definição ou justificação ulterior. Nada mais distante de Frege ou Dedekind, como vimos.

Brouwer – que também via a intuição matemática como fundamental e tinha Poincaré como o matemático que mais se aproximava dele próprio – tomou o intuicionismo de Poincaré, que se limitava essencialmente à aritmética, e estendeu-o para toda a matemática, lançando fora o que não poderia ser assim justificado – o que Poincaré jamais ousou fazer. Mas havia também Weyl, o aluno predileto de Hilbert, que num texto notável de 1918, chamado *Das Kontinuum* [*O contínuo*], chamava a atenção da comunidade científica para o fato, segundo ele, de que a matemática tinha suas bases assentadas em areia, não em solo seguro, e clamava por uma reconstrução da análise não sobre a aritmética tradicional, que ele não acreditava justificada – sendo assim areia, não rocha sólida –, mas sobre uma aritmética e uma noção de contínuo fundados ambos na intuição.

Há várias vertentes de construtivismo em filosofia da matemática; algumas põem ênfase na ontologia (para essas, nenhum objeto matemático existe sem que tenha sido de algum modo construído), como preconizava o construtivismo de Poincaré; outras enfatizam também a epistemologia (para essas, nenhum enunciado matemático é verdadeiro a menos de manifesta evidência), como pensava Brouwer. Os construtivistas em filosofia da matemática são antirrealistas quer em ontologia, quer em epistemologia, quer em ambos. Eles não acreditam que os objetos matemáticos existam "em si", independentemente de qualquer construção, ou que os enunciados matemáticos sejam determinadamente verdadeiros ou falsos independentemente de qualquer verificação efetiva. Em poucas palavras, para o construtivista a existência ou a verdade depende da atividade matemática. Não se *descobrem* entidades ou verdades matemáticas, se as *criam*.

No caso de Kant, o que é característico é o meio escolhido para as construções requeridas, as intuições puras do espaço e do tempo. Há construtivistas, entretanto, que privilegiam outros meios, e que substituem as construções espaço-temporais kantianas por outros processos construtivos. Poincaré ou Weyl, por exemplo, privilegiavam a linguagem. Eles acreditavam que é sempre numa linguagem que se dá o processo de construção matemática, e um objeto matemático só está construído se puder ser adequadamente definido numa linguagem determinada (com ênfase na palavra "adequadamente", em especial no caso de Poincaré).

De todas as vertentes construtivistas, porém, a mais difundida é certamente o *intuicionismo*. Um pouco à maneira de Kant, os intuicionistas remetem a matemática à mente e às experiências mentais de um matemático ideal (também chamado de sujeito criador), supostamente livre das limitações da memória humana e da propensão demasiado humana para o erro, mas que conserva ainda como traço distintivo a finitude intrínseca a todo homem real. O que caracteriza o sujeito criador da matemática intuicionista, o matemático ideal, é sua incapacidade *essencial* (não meramente circunstancial ou acidental) de levar *a cabo* procedimentos infinitos. Mas toda uma gama de construções finitas está à sua disposição, e com elas, e apenas com elas, ele pode trazer objetos matemáticos à existência e demonstrar verdades sobre eles. Qualquer objeto que não possa ser desse modo apresentado à sua consciência simplesmente não existe. Para esse matemático ideal, ser é ser concebido (ou como se usa dizer em Latim: *esse est concipi*), e a matemática é a crônica da suas experiências mentais.

Estudemos a "escola" intuicionista com um pouco mais de detalhes.

O intuicionismo

O intuicionismo é criação de um matemático holandês com uma clara vocação mística chamado Luitzen E. J. Brouwer, que o desenvolveu basicamente nos anos 20 do século XX. Mas, curiosamente, esse místico tinha uma aversão ao transcendente. Brouwer punha em dúvida a existência de qualquer objeto matemático que não pudesse ser construído (ele preferia dizer edificado) na consciência a partir de vivências mentais muito específicas, e recusava-se a admitir qualquer noção de verdade matemática que dispensasse a verificação efetiva por meio de procedimentos de construção. A existência independente de objetos matemáticos e a transcendência da verdade matemática são enfaticamente negadas por Brouwer.

Ele acreditava que toda a matemática deveria ser fundada nesta intuição básica: um instante temporal sucedendo outro (e assim sucessivamente). Essa "intuição" fundamental resume-se na verdade à evidência de que nossas vivências mentais conscientes (e certamente também as do matemático ideal) apresentam-se sempre em séries temporais finitas (mas em princípio ilimitadas) e discretas. Isso já havia sido dito por Kant, Brouwer apenas o retoma; mas, contrariamente a Kant, Brouwer não reserva à forma espacial nenhum papel especial. Talvez isso se explique pelo arraigado idealismo metafísico[2] de Brouwer. Para ele a única realidade é a sua consciência, o mundo e mesmo outras consciências existem apenas como representações dela. Contrariamente a Descartes, por exemplo, esse solipsismo não é apenas o ponto de partida metodológico para recuperar o mundo externo. Para Brouwer o mundo transcendente está para sempre

---

2   A doutrina que reduz toda a realidade a representações da mente.

perdido, só a consciência e suas vivências têm realidade. Portanto o tempo, a forma do sentido interno, impõe-se como molde de toda vivência mental e, *a fortiori*, de toda construção matemática.

Para Kant, o fato de que certos conceitos numéricos (como o conceito de $\sqrt{2}$, o número x tal que $1/x = x/2$) só podem ser construídos (nesse caso como a diagonal do quadrado de lado unitário) com o auxílio da forma do sentido externo – o espaço – (pois nenhuma síntese exclusivamente temporal de $\sqrt{2}$ converge, isto é, nenhuma série *finita* de instantes, cada um deles aportando um número racional, pode nos dar $\sqrt{2}$, que é um número irracional – apesar de podermos nos aproximar arbitrariamente dele por meio de séries racionais finitas) fornece um argumento contra o idealismo metafísico. Pois, se existe algo que não pode ser construído *apenas* na intuição interna ($\sqrt{2}$, por exemplo), mas que pode ser construído com o auxílio da intuição externa, então o sentido interno não pode representar a totalidade do que existe. Já Brouwer – ou o sujeito criador – enclausurado em sua consciência pode abrir mão do espaço como forma intuitiva e restringir-se apenas ao tempo.

A intuição básica de que qualquer experiência mental tem a forma de uma sequência temporal finita é suficiente para nos dar (por reflexão) o esquema geral dessas sequências ela mesma como um objeto intuído. Mas isso nada mais é que a sequência *potencialmente* – mas não *realmente* – infinita dos números inteiros positivos (os números naturais). As verdades mais fundamentais sobre esses números (por exemplo, que existe um primeiro número natural; que todo número natural tem um único sucessor; que o primeiro número natural não é sucessor de nenhum outro; que dois números naturais distintos têm sucessores distintos; que a iteração finita da operação de sucessão gera todos os números naturais) são justificadas na intuição mesma dessa sequência. Assim, toda a aritmética funda-se na intuição fundamental.[3]

---

3   Essa posição é compartilhada por Poincaré, cujos pontos de vista, como já dissemos, Brouwer considerava os mais próximos dos seus próprios. Contra os logicistas, Poincaré acreditava que a aritmética é fundada numa intuição irredutível, a sucessão discreta e ininterrupta de pontos, com um começo, mas sem um fim.

Sequências temporais discretas podem, todavia, ser refinadas. Entre dois instantes do tempo há sempre um instante intermediário, e assim indefinidamente. A consciência desse processo de refinamento é nada menos que a intuição do contínuo matemático. É digno de nota que o contínuo da intuição, para Brouwer, *não* é um conjunto infinito de pontos dado de uma vez por todas, mas um *processo* de geração de *sequências finitas* de pontos, que a cada momento nos dá apenas uma quantidade *finita* delas, mas que está sempre gerando novas sequências e dando prosseguimento àquelas já iniciadas.

A intuição fundamental – toda vivência de consciência é sempre um processo temporal finito, mas não *a priori* limitado – condiciona e consequentemente limita todo processo construtivo matemático. Toda construção na matemática intuicionista será sempre um processo temporal finito. E já que nada pode existir nessa matemática que não tenha sido construído, isso evidentemente restringe dramaticamente o que a matemática intuicionista admite como existente. Por exemplo, não existem para ela conjuntos infinitos, já que nenhuma totalidade atualmente infinita pode ser efetivamente construída numa sequência finita de momentos. Como a matemática existente usa e abusa de conjuntos infinitos, a matemática intuicionista de Brouwer retira toda a pretensão ao conhecimento daquelas partes dessa matemática – dita agora "clássica", por oposição à intuicionista – que dependem essencialmente da teoria (clássica) de conjuntos e não podem ser construtivamente recuperadas. Mas isso não preocupava muito Brouwer, que não acreditava que se podia perder o que nunca se tivera, a saber, um "conhecimento" supostamente fornecido pela matemática clássica não intuicionisticamente justificada. Nem mesmo a utilidade prática da matemática clássica o sensibilizava. Brouwer não via outro modo de justificar asserções matemáticas que as construções mentais do matemático ideal, o sujeito criador.

Mais do que uma filosofia daquilo que tradicionalmente se entende por matemática, Brouwer propôs uma *reforma* da matemática e da lógica fundada nas vivências mentais do matemático ideal. Como esse ideal de matemático é incapaz de juntar infinitos objetos num conjunto, ele nunca poderá "construir", como já dissemos, um conjunto realmente infinito. Por isso, o máximo que Brouwer admite é a existência de conjuntos potencialmente infinitos, isto é, conjuntos finitos na realidade, mas que podem ser sempre acrescidos de novos elementos. Desde há muito tempo os matemáticos admitem, por exemplo, que os números inteiros positivos 1, 2, 3 etc. habitam um conjunto realmente infinito, o conjunto dos números inteiros positivos, passível de ser objeto de asserções matemáticas verdadeiras[4]. Não para Brouwer. Segundo ele, tudo o que se diz desse conjunto supostamente infinito e acabado não é simplesmente falso, mas sem sentido. Porque se um enunciado envolvendo o conjunto dos inteiros positivos fosse falso, essa falsidade teria que ser evidenciada em uma experiência mental e, assim, esse conjunto teria, ele próprio, que ser objeto de consciência, o que não pode ocorrer.

Junto com os conjuntos infinitos vão-se também os conjuntos dados pelo axioma da escolha[5], já que nem sempre eles podem ser efetivamente construídos. O problema é que esse axioma é indispensável na demonstração de inúmeros teoremas da matemática clássica, que estão assim em geral irremediavelmente perdidos se não puderem ser, de algum outro modo, demonstrados construtivamente.

Brouwer, contudo, não se limitou a desqualificar verdades matemáticas há muito estabelecidas por não serem, essas, em princípio, acessíveis às vivências mentais do matemático ideal. Ele também se recusou a acatar leis lógicas clássicas, aceitas pelo menos desde Aristóteles. Para Brouwer, a lógica não é um corpo de verdades puramente formais independentes de contexto que se impõe indiferentemente à matemática e a todo discurso racional. Contrariamente, a lógica da matemática é apenas a descrição *a posteriori* das regularidades formais dos procedimentos de construção matemática. Assim, a matemática

---

4   Por exemplo, que sua cardinalidade (a quantidade de seus elementos) é maior que qualquer número finito.
5   O axioma da escolha garante a existência de um conjunto que compartilha pelo menos um elemento com cada conjunto de uma família (talvez infinita) não vazia dada de conjuntos não vazios. É claro o motivo pelo qual os intuicionistas não aceitam esse axioma, ele não fornece instruções de como construir o "conjunto escolha" num processo temporal.

precede a lógica, não esta aquela. Para Brouwer, as leis e as regras da lógica são sensíveis ao contexto, não princípios formais aplicáveis em qualquer situação.

A prática matemática não se constituía, para Brouwer, na derivação de teoremas no interior de uma lógica determinada *a priori*, como para os logicistas e formalistas, mas no exercício criativo de uma consciência matemática, limitada apenas pelo princípio formal a que está sujeita toda construção, o tempo. É essa prática que determina a lógica da razão matemática, não o contrário. Não há uma lógica de validade pretensamente universal que tenha o direito de se impor *a priori* à matemática.

A concepção da matemática como uma crônica de experiências vividas no interior de uma consciência isolada fazia que Brouwer não visse, além disso, nenhuma utilidade matemática na linguagem – apenas uma forma, segundo ele, do matemático ideal comunicar suas vivências intuitivas a outras consciências (que ele, para começo de conversa, nem sequer estava seguro de existirem) – ou na formalização das teorias – vista apenas como uma reflexão *a posteriori* de natureza metamatemática sem nenhuma relevância para a prática matemática.

Apesar disso, Brouwer não se opôs quando seu aluno Heyting ofereceu uma formalização da lógica subjacente aos procedimentos da matemática intuicionista, uma lógica intuicionista precisamente, conhecida hoje pelo nome de seu autor[6]. Brouwer provavelmente via esse projeto como uma sistematização inútil, mas inócua, dos procedimentos considerados então como válidos (aos quais, entretanto, outros podem juntar-se no futuro, já que novas intuições podem impor-se à consciência do matemático ideal mais tarde), que talvez pudesse ser útil para uma comparação direta das lógicas da matemática clássica e intuicionista.

---

6   Mas Heyting não foi o primeiro a fazê-lo. A lógica de Heyting data de 1930, mas um jovem matemático russo, Kolmogorov, já havia proposto, em 1925, uma bem-sucedida formalização da lógica e da aritmética intuicionistas. Ele, ademais, levou a cabo um estudo comparativo entre as teorias clássicas e intuicionistas, mostrando que do ponto de vista da consistência essas não são mais confiáveis do que aquelas.

Heyting também propôs, ademais, uma semântica para essa lógica em termos da noção primitiva de demonstração[7], isto é, uma interpretação intuicionista das constantes lógicas, conectivos e quantificadores. Segundo Heyting, se A e B são asserções quaisquer, então temos uma demonstração de:

1) $A \wedge B$ (A e B) quando temos uma demonstração de A e uma demonstração de B.

2) $A \vee B$ (A ou B) quando temos uma demonstração de A *ou* uma demonstração de B.

3) $A \to B$ (se A, então B) quando temos uma demonstração que juntada a uma demonstração de A produz uma demonstração de B.

4) $\neg A$ (não A) quando temos uma demonstração que juntada a uma demonstração de A produz uma demonstração de uma asserção absurda ou falsa.

Ademais, se $A(x)$ denota uma propriedade qualquer (a variável linguística x denota o lugar reservado ao objeto), então temos uma demonstração de:

5) $\forall x A(x)$ (para todo x, A se aplica a x) quando temos uma demonstração que juntada à construção de um objeto a qualquer nos dá uma demonstração da asserção $A(a)$ (isto é, que A se aplica a a).

6) $\exists x A(x)$ (existe um x tal que A se aplica a x) quando temos um procedimento para construir um objeto a e uma demonstração que juntos produzem uma demonstração da asserção $A(a)$.

Com base nessa semântica, é fácil verificar que muitas verdades da lógica clássica perdem validade. Duas são notáveis:

1) O chamado *princípio do terceiro excluído*: para toda asserção A: $A \vee \neg A$. Essa verdade clássica não vale na lógica intuicionista, uma vez que não se pode garantir que, em geral, para qualquer A,

---

7   Claro que não se pode entender "demonstração" nesse contexto como uma demonstração formal, mas como uma não especificada vivência de verificação do sujeito criador.

temos uma demonstração de A ou uma demonstração que juntada a uma demonstração de A produz a demonstração de uma falsidade. Segundo Brouwer, a validade desse princípio equivale ao pressuposto de que todo problema matemático é, em princípio, solúvel.

2) A *lei da dupla negação*: para toda asserção A: $\neg\neg A \to A$. Pois não se pode garantir a existência de uma demonstração de A da demonstração de uma falsidade a partir de uma pretensa demonstração de $\neg A$. No entanto, vale a recíproca: $A \to (\neg\neg A)$. Pois, dada uma demonstração de A e pressuposta uma demonstração de $\neg A$ haveria uma demonstração de $A \wedge \neg A$, o que não pode existir; isso demonstra $\neg\neg A$. (O que dissemos acima é uma receita para se produzir uma demonstração de $A \to (\neg\neg A)$.)

Pode-se mostrar, tanto em lógica clássica quanto em lógica intuicionista, que o princípio do terceiro excluído é equivalente à lei da dupla negação. Abrir mão de qualquer uma dessas leis, no entanto, custa caro. Um dos métodos mais populares de demonstração em matemática clássica é o método de redução ao absurdo: para se demonstrar A, pressupõe-se $\neg A$ e deriva-se disso uma falsidade. Isso demonstra $\neg\neg A$. Então, pela lei da dupla negação, tem-se A, como se queria. O uso essencial de uma lei inválida pelos cânones intuicionistas desqualifica esse método como um modo válido de demonstração intuicionista. Assim, um método em uso desde Euclides e Arquimedes é obrigado a se aposentar. Ele tem o "defeito", segundo os intuicionistas, de garantir a veracidade de uma asserção independentemente de uma experiência vivida dessa verdade.

Brouwer admite a validade *geral* do princípio do terceiro excluído apenas em contextos finitos, pois aí qualquer asserção pode ser demonstrada por verificação exaustiva caso a caso[8]. Isso envolve, é claro, certa idealização, pois esse processo poderia exigir um tempo que ultrapassa em muito o da existência humana. Mas, lembre-se, estamos falando de um matemático *ideal*. O importante, para Brouwer, é que existe um procedimento que efetivamente dá conta do recado. De

---

[8] Segundo Brouwer, a matemática clássica comete o erro de generalizar para contextos infinitos o que só vale irrestritamente em contextos finitos.

um modo geral, se A é uma propriedade *decidível*, isto é, se existe um procedimento para se decidir, dado qualquer objeto *a*, se A se aplica ou não a ele, então $A(a) \vee \neg A(a)$ é uma instância válida do princípio do terceiro excluído, ainda que se trate de um domínio potencialmente infinito de objetos. Nesse caso, vale também $\forall x(A(x) \vee \neg A(x))$.

De um modo geral, a validade irrestrita do princípio do terceiro excluído em um domínio qualquer depende da nossa capacidade de verificar qualquer enunciado nesse domínio. Como vimos, ele está garantido em domínios com uma quantidade finita de objetos, pois qualquer enunciado pode ser aí verificado testando-se uma série *finita* de possibilidades. Já em contextos potencialmente infinitos os testes podem nunca chegar ao fim; logo, um enunciado arbitrário em um contexto potencialmente infinito nunca será, em geral, definitivamente verificado. Assim, em contextos infinitos o princípio do terceiro excluído não vale necessariamente.

Com a exceção, como já dito, de propriedades decidíveis, para elas o princípio vale mesmo em contextos (potencialmente) infinitos. Um exemplo: é verdade que $2^{1001} + 1$ é primo ou $2^{1001} + 1$ não é primo mesmo que nunca tenhamos verificado se $2^{1001} + 1$ é ou não um número primo. E isso porque sabemos que podemos fazê-lo se quisermos, simplesmente dividindo esse número pelos números menores do que ele e verificando se isso gera ou não um resto (mesmo que esse método seja terrivelmente ineficiente). Vale ademais a asserção geral $\forall(n)(n$ é primo $\vee$ n não é primo) pelos mesmos motivos.

Para se obter um exemplo *inválido* do terceiro excluído basta tomar qualquer enunciado cujo valor de verdade desconheçamos no presente momento. Por exemplo, seja G a conjectura de Goldbach: "para todo número *n* par maior do que 2, existem números primos *p* e *q* tais que $n = p+q$". Até onde podemos testar, G se verifica, mas não temos até hoje uma demonstração (mesmo em matemática clássica) do resultado geral. Assim, $G \vee \neg G$ é uma instância inválida do princípio do terceiro excluído.

Deixemos um pouco de lado a lógica e consideremos novamente a matemática intuicionista. Em particular a teoria dos números reais. Na teoria clássica dos reais há várias formas de defini-los, em particular por sequências de Cauchy, isto é, sequências de números racionais (inteiros ou fracionários) cujos elementos aproximam-se uns dos outros para além de qualquer limite à medida que a sequência avança. Em verdade, para a teoria clássica, os números reais são os "limites" dessas sequências (definidos pelo método de abstração já visto como conjuntos de sequências que, intuitivamente falando, convergem para o mesmo ponto). Para a matemática intuicionista, os reais são as *próprias* sequências, desde que adequadamente definidas. Brouwer acatava como legítimos geradores de números reais tanto as sequências de Cauchy caracterizadas por propriedades bem definidas quanto o que ele chamava de "sequências de livre escolha", cujos elementos não estão sujeitos todos a uma mesma condição determinada – como as sequências definíveis –, mas podem ser livremente escolhidos um a um pelo sujeito criador à medida que a sequência avança, respeitadas certas condições, entre elas a de não abrir mão das escolhas já feitas anteriormente. Mas é importante observar que, para Brouwer, em qualquer momento apenas um segmento inicial finito dessas sequências potencialmente infinitas está disponível.

Considere agora a expressão $G(k)$ ($k > 2$): para todo $n \le k$, se n é um número par maior do que 2, então existem números primos p e q tais que $n = p+q$ (G é equivalente a $\forall k G(k)$, como é fácil de ver). Defina a seguinte sequência de Cauchy (a_k): $a_k = 1/k$ se $G(k)$ é verdadeira; $a_k = m$ se $G(k)$ é falsa e m é o menor número par maior do que 2 e menor do que k que não é soma de dois primos. Temos que $(a_k) = 0$ se, e somente se, G é verdadeira (se G for falsa, (a_k) é igual ao menor contraexemplo da conjectura de Goldbach). Logo, ainda que a definição do número real (a_k) seja legítima do ponto de vista intuicionista, não sabemos se esse número é ou não nulo, pois não sabemos o valor de verdade de G. Por isso não estamos justificados em afirmar que $(a_k) = 0$ ou $(a_k) \ne 0$. Conclusão, não vale na teoria intuicionista dos reais um dos princípios basilares da correspondente teoria clássica: qualquer número real é positivo, negativo ou nulo.

Muitas outras coisas "estranhas" ocorrem na matemática intuicionista. Como as sequências de livre escolha só estão determinadas até certo ponto, elas são indistinguíveis de outras que coincidem com elas pelo menos até esse ponto. Desse fato Brouwer pode demonstrar que todas as funções são contínuas (na verdade, uniformemente contínuas), e a enorme variedade de funções descontínuas da matemática clássica simplesmente desaparece[9]. Essa varredura que o intuicionismo promove na matemática e na lógica clássicas parece ser uma boa razão, segundo alguns, para se colocar essa filosofia em xeque. E essa é uma questão importante que temos que resolver: qual é o papel da filosofia da matemática? Justificar filosoficamente a matemática tal como os seus técnicos, os matemáticos, a praticam, ou submeter a matemática como é praticada a um tribunal filosófico superior que há de decidir sobre a validade dessa prática? Kant e os intuicionistas ficam obviamente com a segunda opção. Eles creem que a matemática, como uma forma de conhecimento, deve se submeter à crítica do conhecimento. Já outros filósofos acreditam que uma teoria do conhecimento que implique restrições à prática científica, em particular à matemática tal como é desenvolvida pelos matemáticos, com sua impressionante história de sucessos que a filosofia nunca conseguiu emular, não é uma boa teoria do conhecimento. Para eles, não cabe ao filósofo dar lições ao matemático de como praticar sua ciência. Como justificar o conhecimento às vezes puramente formal e vazio de intuição que a matemática produz, e que os intuicionistas desqualificam como um não conhecimento? Essa é, para muitos filósofos, uma tarefa da filosofia da matemática. Minha resposta a essa questão é do primeiro tipo: não compete ao filósofo impor restrições à prática matemática, mas, antes, tomá-la como teste de teorias filosóficas sobre a matemática. Teorias do conhecimento, do significado ou ontologias que não consigam de alguma forma dar conta

---

9 Essa indistinguibilidade das sequências de livre escolha garante ainda que os "pontos" do contínuo intuicionista não são entidades distintas, apesar de agrupadas num contínuo. Isto é, o contínuo intuicionista escapa à atomização do contínuo aritmético clássico. Essa atomização opõe também o contínuo aritmético clássico ao contínuo não atomizado da intuição imediata (essa atomização do contínuo clássico é que o faz, como já havia notado, por exemplo, Weyl em *Das Kontinuum*, tão inapto a captar nossa vivência intuitiva do contínuo, como dada, por exemplo, no fluir do tempo).

de todo o conhecimento matemático, de suas asserções e seus objetos, não são boas teorias, simplesmente.

Michael Dummett, um dos mais importantes teóricos do intuicionismo dos dias de hoje, acredita que há um modo de justificar a crítica intuicionista à lógica clássica considerando apenas questões de significado. Segundo Dummett, há uma *correta* teoria da significação (que não é evidentemente a teoria clássica usual) que implica na validade exclusiva da lógica intuicionista na matemática.

Segundo a tradição em que se insere a lógica clássica, toda asserção com sentido é portadora de um significado[10] e admite um valor de verdade (verdadeiro ou falso) determinado, se bem que possivelmente desconhecido, ou mesmo incapaz de ser efetivamente conhecido. A significação de uma asserção, isto é, o fato que ela tem um significado, é materialmente equivalente, do ponto de vista clássico tradicional, à existência de um valor de verdade determinado intrinsecamente associado a ela. Assim, o princípio do terceiro excluído vale classicamente para todas as asserções com sentido (cuja classe coincide extensionalmente com a das asserções portadoras de significado, ou significativas).

Há, porém, enunciados classicamente significativos (a conjectura de Goldbach, por exemplo) que não satisfazem, segundo os intuicionistas, o princípio do terceiro excluído. Assim, ou os intuicionistas desassociam a significação (a propriedade de ser significativa, de veicular um significado) da validade do princípio do terceiro excluído, ou retiram significação de asserções classicamente significativas. Dummett escolhe a segunda alternativa. Para ele, enunciados indecidíveis, isto é, para os quais não dispomos, no momento, de meios de verificação, são apenas *aparentemente* significativos (e, para eles,

---

10 Intuitivamente, uma asserção tem *sentido* quando "diz alguma coisa" distintamente; nesse caso ela veicula um *significado* (aquilo que é dito), e reciprocamente. Como veremos mais adiante, na perspectiva tradicional (ou clássica), a posse de sentido de uma asserção é determinada pela sua conformidade a condições formais de correção; o significado, *o que* é dito, por sua vez, é o que deve ser o caso para que a asserção seja verdadeira (isto é, as suas condições de verdade). Distintas asserções significativas veiculam significados distintos se admitem distintas condições de verdade.

não vale o princípio do terceiro excluído). Dummett acredita que são portadoras de significado apenas as asserções *em princípio* verificáveis. Não, claro, somente as *realmente verificadas*, mas aquelas que *podem* ser verificadas, num sentido *efetivo* de possibilidade (isto é, aquelas para as quais dispomos de meios de verificação), mesmo que não as tenhamos verificado realmente. Em poucas palavras, para Dummett, um enunciado matemático qualquer é (intuicionisticamente) significativo — logo, portador de um significado (em versão intuicionista) — se existe um procedimento, uma experiência, que, se levada a cabo pelo matemático ideal, verifica esse enunciado, isto é, decide se ele é verdadeiro ou falso. Para Dummett, o significado de um enunciado é dado em termos de condições de verificação, não abstratas condições de verdade; enunciados não verificáveis são destituídos de significado, ainda que exibam o sentido formal que lhes garante a conformidade às leis *a priori* de formação correta de enunciados (o que do ponto de vista clássico bastaria para lhes garantir um significado). Enfatizemos: segundo a perspectiva dummettiana, uma asserção matemática só tem significado se dispomos de um método para verificá-la; caso contrário, ela é desprovida de significado, mesmo que nos pareça inteligível. Por exemplo, a conjectura de Goldbach; apesar de inteligível (aparentemente ela nos "diz" algo e nós temos alguma ideia do que isso seja), ela não é portadora de um significado bem determinado, uma vez que não sabemos, por enquanto, como verificá-la.

Mas nós, aparentemente, entendemos os enunciados que, segundo os intuicionistas, são desprovidos de significado. Isso soa estranho: como pode ser inteligível uma asserção que não veicula nenhum significado (pois não sabemos como verificá-la)? Não seria a inteligibilidade, pelo menos, uma parte da significação? Evidentemente, mesmo as asserções às quais os intuicionistas retiram significado "dizem algo"; do contrário, como começar a procurar demonstrá-la ou refutá-la? A tese de Dummett, porém, é que esse "algo" deve poder *manifestar-se*; devemos estar em condições de *reconhecê-lo*, caso ele seja de fato o caso. Contrariamente, nós não sabemos o que é *realmente* esse "algo" que está sendo dito, ou, pelo menos, não podemos expressá-lo publicamente por meios linguísticos.

Analisemos o assunto com algum detalhe. Segundo a concepção mais difundida, que subjaze à concepção clássica de lógica (em que valem as leis que os intuicionistas renegam), uma asserção é significativa quando admite condições de verdade (ou, em outras palavras, quando *pode* ser verdadeira), e nós conhecemos seu significado quando sabemos que condições são essas. O que nós conhecemos quando conhecemos o significado de uma asserção é o que deveria ser o caso para que ela fosse verdadeira, mesmo que ela seja de fato falsa. Uma asserção significativa é verdadeira, ou falsa, se essas condições forem, ou não, satisfeitas.

Há quem prefira identificar o significado de uma asserção a uma imagem mental. Por exemplo, para eles, a sentença "está chovendo" é significativa porque podemos imaginar que chove, mesmo que o sol brilhe. Nós conhecemos as condições de verdade de uma afirmação porque podemos *imaginar* o que a tornaria verdadeira. Um dos problemas com essa concepção é que ela torna o significado uma possessão privada. Nós não temos como saber se duas pessoas distintas atribuem o *mesmo* significado a uma asserção (porque imagens mentais são possessões privadas). De modo contrário, é comumente aceito que significados são entidades objetivas e o conhecimento do significado deve poder ser publicamente manifesto.

Em resumo, da perspectiva tradicional, conhecemos o significado de uma asserção *A* quando conhecemos suas condições de verdade, mas esse conhecimento deve poder ser publicamente manifesto. Podemos fazê-lo simplesmente enunciando essas condições. Mas, a melhor forma de enunciar as condições de verdade de *A* é simplesmente enunciar *A*. "Está chovendo" é verdadeira se, e somente se, estiver chovendo. Isso cria, obviamente, um círculo vicioso. Conhecemos o significado da asserção "Está chovendo" se sabemos o que significa estar chovendo.

Há maneiras de se contornar esse problema, pois há formas alternativas de se expressar as condições de verdade de uma asserção, por exemplo, enunciando asserções sinônimas a ela. Entretanto, isso apenas transfere o problema. Mostramos que conhecemos o significado de uma asserção em termos de outra, cujo significado, por sua vez, mostramos conhecer enunciando uma terceira asserção, e assim por diante. Em vez de um círculo temos agora uma regressão infinita. Só escaparemos desses problemas mostrando nosso conhecimento das condições de verdade de uma asserção independentemente de uma explícita enunciação delas. E a melhor forma de mostrar isso parece ser o modo *como* usamos essa asserção. É sugestivo pensar que é no *uso* que fazemos de uma asserção que podemos mostrar que entendemos o que ela significa. Se alguém usa uma expressão (palavra ou sentença) de modo inconveniente, temos o direito de dizer que ele não conhece o seu significado, como ocorre frequentemente com pessoas que se expressam numa língua que não dominam. Se alguém afirma, honestamente, "está chovendo aqui, agora", mas o sol brilha e ele está consciente disso, eu tenho o direito de dizer que ele não entende o significado da sua asserção, pois ele não soube reconhecer que as condições de veracidade de "está chovendo aqui, agora" não estavam satisfeitas. Segundo Dummett, em geral, para que possamos usar uma asserção convenientemente, e, portanto, *exibir* nosso conhecimento das condições de verdade dessa asserção, é necessário que possamos *reconhecer* que essas condições se dão quando elas, de fato, se dão.

Isso se dá em geral − e é aqui que o intuicionista se afasta da concepção clássica de significado − apenas quando estamos em condições de *verificá-la*, isto é, quando estamos de posse dos meios para decidir se ela é verdadeira ou falsa. Em geral, podemos exibir nosso conhecimento das condições de verdade de uma afirmação − isto é, podemos mostrar que conhecemos seu significado − apenas mostrando que conhecemos os meios de verificá-la. Logo, se não sabemos como verificá-la, não sabemos qual é o seu significado. Ser capaz de verificar uma asserção, segundo Dummett, é estar de posse dos meios para reconhecer se as suas condições de verdade se dão ou não, e, portanto, colocar-se frente a frente com esse "algo" que a asserção veicula: o seu significado (o argumento original de Dummett é bem mais elaborado)[11].

---

11 O argumento completo está em "The Philosophical Basis of Intuitionistic Logic" de Michael Dummett (*Truth and other enigmas*. Cambridge, MA: Harvard University Press, 1978; 215-247).

Podemos resumir assim esse raciocínio: só podemos realmente conhecer as condições de verdade de um enunciado sabendo como verificá-lo; logo, se um enunciado é efetivamente indecidível, ele carece de significado. Mas, vejamos. Considere a asserção "em algum ponto do desenvolvimento decimal de π a sequência 0123456789 ocorre". Nós não temos meios, no momento, de verificar se essa asserção é verdadeira ou falsa. Logo, segundo os intuicionistas, ela é desprovida de significado. Mas, aparentemente, nós a *entendemos*, *algo* está sendo dito. Ou a posse de um significado não é condição de inteligibilidade – nós podemos entender asserções desprovidas de significado –, ou não – e então como nem sequer esperar poder demonstrar asserções presentemente não demonstráveis?

A saída para esse dilema é fazer uma distinção entre a posse de significado (significação) e inteligibilidade. Mesmo que a significação envolva decidibilidade (concedamos isso para efeito de argumento), a inteligibilidade definitivamente dispensa instrumentos de decisão e, me parece, depende apenas da conformidade a condições – regras – puramente formais de significação. Entretanto, e isso é relevante, o sentido formal, isto é, a inteligibilidade, envolve a possibilidade, ainda que como *ideia* (em sentido kantiano, isto é, um conceito da razão que não admite instanciação, mas que é requerido como condição de completude), um ponto no infinito, de verificação efetiva do enunciado em questão. Por isso dizemos que uma asserção com sentido formal é *em princípio* verdadeira ou falsa, mesmo que não saibamos como decidir por um ou por outro desses valores de verdade.

O sentido formal de uma asserção não depende de conhecermos ou podermos reconhecer as suas condições de verdade, mas apenas do fato de que os termos que a compõem estarem *corretamente* combinados, ou, dito de outra forma, a posse de sentido formal exige apenas que a asserção não contenha nenhum erro estrutural ou categorial. Isto é, os termos ocorrem no enunciado conforme as categorias gramaticais a que pertencem – por exemplo, o termo sujeito pertence à categoria gramatical dos nomes – e, ademais, esses termos são entre si compatíveis. Exemplifiquemos esse último requisito. Se dissermos "o número 2 é verde", estaremos obviamente afirmando um contrassenso. Por quê? Simplesmente porque o número 2 não é algo ao qual caiba esse atributo. Cores só podem ser atribuídas, com verdade ou não, a objetos passíveis de serem vistos, o que números não são. Atribuir uma propriedade a um objeto que não pode admiti-la pela sua própria natureza é um erro categorial. Evitar o erro categorial é não apenas obedecer às regras sintáticas da gramática da linguagem, mas também obedecer às regras semânticas dessa linguagem[12]. E quando obedecemos a elas, produzimos enunciados com sentido sintático e semântico, que é tudo de que precisamos para produzir enunciados com sentido formal[13].

Um enunciado em conformidade com as regras sintáticas e semânticas da linguagem em que é expresso é inteligível independentemente de termos ou não qualquer ideia de como verificá-lo. Do ponto de vista clássico não intuicionista, ele é também portador de um significado. Os intuicionistas, porém, como vimos há pouco, não se contentam com o sentido formal. Para eles, a significação é dependente da verificabilidade. Desse ponto de vista, a preservação dos princípios lógicos clássicos, como o princípio do terceiro excluído, pressupõe algo muito forte, a saber, a solubilidade de todos os problemas matemáticos. Algo que evidentemente não estamos em condições de justificar[14].

A noção de sentido formal leva em conta apenas que os objetos de nossa experiência matemática – ou qualquer outra – pertencem

---

12 Por *regras semânticas* entendo aquelas regras que regem o uso correto dos termos de uma linguagem em conformidade com as relações de compatibilidade e incompatibilidade objetivamente existentes entre as entidades às quais eles se referem. Um domínio de objetos qualquer sempre se apresenta à nossa intuição já estruturado segundo essas relações (por isso as regras semânticas são, em certo sentido, princípios formais transcendentais da experiência).
13 Essa concepção é adotada, por exemplo, em Weyl (1918, p.5): "Um *juízo* afirma um estado de coisas. Se esse estado de coisas se dá, o juízo é *verdadeiro*; caso contrário, é falso. [...] Um juízo envolvendo propriedades afirma que um certo objeto possui uma certa propriedade [...] Uma propriedade está sempre associada com uma categoria definida de objetos de tal modo que a *proposição* '*a* tem essa propriedade' tem *significado*, isto é, expressa um juízo e consequentemente afirma um estado de coisas, apenas se *a* é um objeto dessas categoria".
14 Se bem que Hilbert tenha considerado a possibilidade de demonstrar isso, que ele, evidentemente, acreditava ser verdade.

a categorias determinadas, entre as quais subsistem, *por princípio*, relações de compatibilidade e incompatibilidade. Números irracionais (como π) são compatíveis, *por princípio*, com qualquer desenvolvimento decimal. Assim, tem sentido dizer que a sequência 0123456789 comparece no desenvolvimento decimal de π, mesmo que demonstremos um dia que isso é *de fato* falso (sendo, portanto, nesse caso, *necessariamente* falso). O sentido de um enunciado depende apenas de sua correção sintática, em primeiro lugar – é preciso que os termos do enunciado obedeçam às regras sintáticas da linguagem –, e, em segundo, de sua correção semântica – os termos do enunciado devem denotar objetos, relações ou propriedades que têm a ver uns com os outros.

Uma condição *necessária e suficiente* para que um enunciado tenha sentido formal é que exista *outro* enunciado envolvendo as *mesmas* categorias semânticas que ele e que tenha sido, ou possa ser, verificado. Nós *conhecemos* números irracionais que apresentam a sequência 0123456789 em seu desenvolvimento decimal – por isso *faz sentido* dizer que π também a apresenta, pois, afinal, π *também* é um número irracional – mas nós *nunca* vimos (nem nunca veremos) um número verde, por isso não faz sentido dizer que 2 é verde. Esse enunciado expressa uma impossibilidade *formal*, já que viola as leis semânticas da linguagem.

Dessa proximidade com a evidência para a *possibilidade* da evidência é um pulo que nós não hesitamos em dar. Por isso dizemos (não os intuicionistas) que um enunciado com sentido formal é *em princípio* capaz de ser verificado (isto é, o que ele expressa é capaz de ser confrontado com a realidade), *mesmo que nós não tenhamos nenhuma ideia de como fazê-lo* (o que fazemos, ao fazer isso, é predeterminar a realidade – o que existe – a partir da inteligibilidade: o real consiste de uma totalidade maximalmente consistente de conteúdos inteligíveis). Enunciados com sentido formal (que, lembre-se, identificamos aos enunciados inteligíveis) admitem um valor de verdade intrínseco, ainda que desconhecido ou mesmo incapaz de ser conhecido. E isso é apenas outro modo de dizer que esses enunciados são *em princípio* verificáveis (esse "em princípio" denota, é claro, uma idealização). A decisão *ela mesma* é postergada para um indefinido momento no horizonte da experiência *realmente* ou *efetivamente* possível. Enunciados intrinsecamente verdadeiros (resp. falsos) são aqueles que não podem ser verificados senão como verdadeiros (resp. falsos), ainda que *nunca* os verifiquemos de fato como tais por não sabermos como.

Enunciados com sentido formal satisfazem, portanto, o princípio do terceiro excluído e todos os princípios e leis da lógica clássica. Mas note – a noção de verdade como um atributo intrínseco aos enunciados, não necessariamente manifesto, é apenas uma pálida imagem na noção intuicionista de verdade; essa exige uma espécie de epifania, a verificação efetiva, aquela concebe essa verificação apenas como um ideal regulador, localizado num ponto no infinito; por um lado, a experiência direta da verdade, por outro, uma idealização dessa experiência, localizada num horizonte além do qual só encontramos a impossibilidade absoluta *a priori* manifesta sob a forma de incongruência formal e material.

Um argumento em lógica intuicionista – uma demonstração matemática num sistema formal intuicionista – nos fornece uma conclusão capaz de ser diretamente confrontada com os fatos numa experiência de harmonia (isto é, uma conclusão *verdadeira* num sentido forte, epistemologicamente relevante, de verdade). Um argumento em lógica clássica, por outro lado, nos dá uma conclusão que nós *sabemos* apenas que *jamais* será percebida em desarmonia com os fatos, uma conclusão cuja comprovação na experiência *direta*, em geral, é tão somente idealizada como um ponto no infinito (por isso dizemos, nesse caso, que a conclusão é apenas *verdadeira em si mesma*, ou então, apenas *intrinsecamente* verdadeira – e isso aponta pra uma idealização da verificação efetiva). Nós conhecemos o enunciado *A* intuicionisticamente quando *A* expressa um conteúdo (efetivamente) experienciável; nós conhecemos *A* classicamente, em geral, quando *A* expressa um conteúdo cujo complementar (expresso por não-*A*) *não pode ser* (efetivamente) experienciável. Essa é a diferença entre o conhecimento que a lógica e a matemática clássicas e as suas correspondentes versões intuicionistas nos fornecem. Obviamente seria melhor conhecer o que quer que seja por experiência direta, mas isso nem sempre é possível. Em todo o caso, não é correto afirmar, como fazem alguns intuicionistas, que a lógica (e, em geral, a matemática) clássica não fornece conhecimento algum por não envolver uma noção construtiva de verdade. Pelo menos ela nos informa, *faute de mieux*, sobre o que *não* podemos esperar conhecer efetivamente, e isso já é uma forma de conhecimento

Outras variantes construtivistas: Poincaré e Weyl

Nem toda versão do construtivismo em filosofia da matemática requer restrições à lógica tradicional. Algumas delas, como o construtivismo protointuicionista de Hermann Weyl[15], ou o predicativismo de Henri Poincaré, por exemplo, admitem a validade da lógica clássica. As restrições que predicativistas como Poincaré impõem à prática matemática são de outra natureza, a saber, nas *definições* aceitáveis. Para eles, nenhum objeto matemático existe independentemente de uma definição; portanto, as definições que os "criam" não podem pressupor, de nenhum modo, sua existência. Caso contrário se geraria um círculo vicioso: o objeto não existiria antes da sua definição e esta não faria sentido antes de existir o objeto (já que ela o *pressupõe*). Os predicativistas acreditam que assim podem barrar a entrada de paradoxos indesejáveis na matemática, que, ainda segundo eles, seriam inevitáveis se se admitissem definições *impredicativas* (aquelas precisamente em que a definição de um objeto pressupõe de alguma forma a existência desse mesmo objeto).

Poincaré acreditava que todo paradoxo envolvia necessariamente um círculo vicioso de natureza impredicativa. Consideremos um exemplo. Definamos um conjunto R que contém apenas os conjuntos

---

15 Como a citação da nota 13 deixa claro, a concepção de significado em Weyl requer apenas a coerência dos enunciados, e como vimos, essa concepção está intimamente associada à validade da lógica clássica. Assim, não é surpresa que Weyl não a questione, ao menos à época da publicação de *Das Kontinuum*. Posteriormente ele irá se converter às ideias de Brouwer.

que não pertençam a si próprios. Ou seja, $a \in R \Leftrightarrow a \notin a$. O problema na definição desse conjunto é que o escopo da variável a é ilimitado, ou seja, ela pode ser instanciada por qualquer conjunto. Em particular pelo próprio R (nisso precisamente consiste a impredicatividade da definição de R). Mas, substituindo a por R resulta que $R \in R \Leftrightarrow R \notin R$, um absurdo manifesto. Para evitar situações desse tipo, os predicativistas exigem que toda definição satisfaça o *princípio do círculo vicioso*: nenhum objeto pode ser definido em termos que o pressuponham, envolvam ou de algum modo façam menção a ele.

Para que um objeto matemático exista, segundo Poincaré, é necessário defini-lo, mas essa definição tem que obedecer a certas restrições: (1) ela deve ser predicativa e (2) ela deve ser consistente com a teoria na qual se insere. O critério (2) justifica-se pelo sentido que Poincaré atribui à existência matemática. Para ele, existir tem apenas um significado em matemática, estar livre de contradições. Já o critério (1) tem a finalidade precípua de evitar o círculo vicioso. Mas há uma razão mais forte para a restrição predicativista, associada à própria noção de significação de enunciados matemáticos adotada por Poincaré: para ele, uma definição impredicativa é simplesmente destituída de *significação*. Veremos a seguir por quê.

Os críticos realistas dos predicativistas (por exemplo, Gödel) afirmam que eles atribuem às definições matemáticas um papel que não lhes cabe, que é o de trazer objetos matemáticos à existência. Segundo Gödel, as definições apenas caracterizam objetos, não os criam. Portanto, não há mal algum em se definir um objeto impredicativamente por meio de uma expressão que de algum modo envolva esse objeto, assim como não é ilícito definir o jogador mais alto de um time de basquetebol como o jogador desse time cuja altura sobrepuja a de qualquer outro. Nesse caso, um objeto (o jogador mais alto do time) foi definido impredicativamente em termos de uma classe que o contém (o time) sem que disso resultasse nenhum absurdo. O construtivismo de Poincaré, porém, não comunga com os pressupostos platonistas de Gödel e está intrinsecamente ligado à proibição, em geral, de definições impredicativas. Analisemos as suas ideias com mais detalhes.

O predicativismo de Poincaré

O francês Henri Poincaré foi talvez o mais importante matemático de fins do século XIX e começo do século XX. Ele deu contribuições notáveis a várias áreas da matemática e da física, além de praticamente ter criado algumas, como a topologia. E ainda encontrou tempo para refletir sobre a natureza do conhecimento matemático. A filosofia da matemática de Poincaré, no entanto, é uma mistura de um tipo de intuicionismo (se por isso se entende a fundamentação do conhecimento matemático, ou parte dele, numa forma de intuição) e de pragmatismo (se por isso se entende a redução da verdade matemática, ou parte dela, à sua utilidade) temperada com uma dose de formalismo no que diz respeito à noção de existência matemática. É notável também o comprometimento de Poincaré com certo operacionalismo (ou verificacionismo) de cunho empirista que conheceu uma expressiva popularidade por essa época, e foi responsável pelo seu critério de significação de enunciados matemáticos. Mas, acima de tudo, Poincaré foi um inimigo do logicismo, a doutrina filosófica que reduz a matemática (ou parte dela) à lógica.

Poincaré, na verdade, não tinha um modo uniforme de ver a matemática. Para ele, a aritmética era – como Kant queria que ela fosse – uma ciência fundada na intuição. Se bem que, para Poincaré, a intuição fundamental da aritmética não seja uma representação singular, como Kant acreditava serem todas as intuições, mas a sequência potencialmente (mas não realmente) infinita dos números inteiros positivos e, fundado nesse dado intuitivo, um princípio geral de raciocínio, o princípio de indução completa. Todas as verdades que afirmamos a respeito desses números deveriam poder ser justificadas nessa intuição[16]. Assim, Poincaré localiza na base da *aritmética* uma irrecusável intuição de natureza intelectual, o que torna qualquer tentativa de fundá-la na lógica pura fadada por princípio ao fracasso.

---

16 A semelhança com a concepção intuicionista de intuição numérica é manifesta.

Quanto à geometria, Poincaré se afastava de Kant ainda mais, abraçando claramente uma forma de convencionalismo. Para ele, que ao contrário de Kant conhecia as geometrias não euclidianas, uma geometria nada mais era que o estudo dos invariantes de um grupo de transformação[17], e há tantos desses grupos quantos possamos construir. Se decidimos aplicar uma dessas geometrias à nossa experiência espacial é por que simplesmente ela é mais útil, não mais verdadeira.

As diferentes geometrias que se podem conceber, tanto a velha geometria de Euclides – que Kant acreditava descrever nossa intuição do espaço puro, e que seria a única verdadeira – quanto as ditas geometrias não euclidianas – que diferem da euclidiana por admitirem variantes ao axioma das paralelas (dados uma reta e um ponto fora dessa reta, pelo ponto dado passa uma única reta paralela à reta dada) –, não são, acreditava Poincaré, nem verdadeiras nem falsas, mas simples instrumentos mais ou menos adequados para descrever uma particular configuração espacial. É possível mesmo, dizia ele, que um mesmo espaço possa ser descrito por mais de uma geometria, todas entre si formalmente inconsistentes.

As geometrias são, para Poincaré, apenas linguagens, instrumentos a serem avaliados por critérios de adequação e utilidade, mais que por critérios de verdade. São como ferramentas ou utensílios, criações do engenho humano movido pela necessidade, incorporadas à cultura e disponíveis para o uso desde que a ocasião se apresente. Como simples linguagens, segundo Poincaré, as geometrias podem ser livremente interpretadas, da maneira que nos pareça mais conveniente, de modo a descrever domínios espaciais quaisquer. Pode-se, em princípio, descrever o mesmo domínio de diversas maneiras em diversas linguagens geométricas. Essas

---

17   Um grupo de transformações é um conjunto de funções definidas num domínio de objetos que podem ser compostas e que obedecem a certas propriedades: o modo como associamos composições dessas transformações é irrelevante; há uma transformação (a transformação identidade) que não altera nenhuma transformação com a qual a compomos; e para toda transformação há outra (a sua inversa) que composta com ela gera a transformação identidade. Os invariantes de um grupo são as propriedades dos objetos sobre os quais essas transformações agem que não se perdem por ação delas.

diferentes descrições podem ser vistas como diferentes aspectos ou perspectivas de uma mesma realidade que não impõe por si mesma nenhuma descrição privilegiada.

Para Kant, o mundo sensível (ou fenomênico) era a totalidade dos dados dos sentidos necessariamente acomodados às formas *a priori* da percepção sensível. Fora disso haveria um mundo em-si (noumênico) inacessível a nós. A matemática era, para ele, apenas a descrição das condições *a priori* de toda percepção sensível, um conhecimento *a priori* do mundo fenomênico exclusivamente em seus aspectos formais. Apesar de seu caráter não kantiano, podemos aproximar a filosofia da geometria de Poincaré dessa visão, num certo sentido. Para ele, o espaço estruturado em-si é um conceito-limite, nada podemos dizer dele, apenas o mundo filtrado pela linguagem tem realidade para nós (assim como, para Kant, apenas o mundo fenomênico nos é dado). Nós criamos as linguagens e as teorias geométricas de modo mais ou menos arbitrário, e as selecionamos em razão de sua utilidade em representar e descrever relações espaciais (não apenas do espaço físico da percepção sensorial mais imediata, mas também os espaços físicos da percepção teoricamente informada, como o espaço da teoria da relatividade geral). Podemos dizer quer os critérios que fazem uma linguagem geométrica melhor ou pior são puramente pragmáticos. Mas, seja como for, *alguma* estrutura é sempre necessária. E nisso residia, segundo Poincaré, a verdade de Kant. Porém, segundo ele, que qualquer espaço tenha sempre uma estrutura geométrica (não importando qual) é algo que se impõe a nós não como forma de nosso sentido, mas como forma do nosso *entendimento*[18].

A noção de significado matemático para Poincaré

Como já dissemos antes, Poincaré introduz em matemática uma noção empirista de significado. Para ele, uma asserção matemática só é significativa se puder ser, em princípio, verificada. Não é muito claro o que ele quer dizer com isso, mas podemos especular. É certo

---

18 Para Poincaré, o conceito de grupo, em razão do qual as várias geometrias são definidas, é um conceito do entendimento.

que a verificação de um enunciado *particular* (isto é, que não envolve nenhuma forma de generalidade como aquelas dos enunciados universais e existenciais) é verificável se existe um procedimento de natureza algorítmica capaz de decidir o seu valor de verdade. Já os enunciados gerais são verificáveis, para Poincaré, se suas instâncias o são. Uma instância de um enunciado geral é o enunciado que diz de um objeto particular determinado o que o enunciado geral diz de todos os objetos do domínio em questão. O problema é que nem todos os enunciados gerais admitem instâncias. Por exemplo, o enunciado $((\forall x F(x)) \rightarrow A)$ – onde F denota uma propriedade e A é uma asserção com valor de verdade determinado (uma sentença) – estabelece uma condição para a veracidade de A – que todos os objetos de um domínio determinado tenham a propriedade denotada por F – que não pode ser enunciada para um objeto determinado. Mas o que Poincaré parecia ter em mente era simplesmente isso: um enunciado geral é significativo se suas partes mínimas, isto é, as partes do enunciado que envolvem apenas a atribuição de uma propriedade a um objeto ou a atribuição de uma relação a um determinado arranjo de objetos, são verificáveis para todos os objetos do domínio em questão (o que pode envolver uma série infinita de verificações).

Mesmo que o valor de verdade dos enunciados particulares possa ser efetivamente determinado por verificação (o que ocorre se os predicados e relações envolvidos são decidíveis) isso não é sempre o caso para os enunciados gerais (se o domínio em questão for infinito). Nesse caso, a verificação de enunciados gerais requer uma *demonstração*, que, para Poincaré, é o somatório de uma série infinita de verificações. E para isso a lógica apenas é estéril, a demonstração matemática de asserções gerais requer intuições de natureza essencialmente não lógica. Por exemplo, o princípio de indução completa, que, para Poincaré, era o exemplo por excelência de um princípio não lógico de demonstração fundado na intuição. Se P denota uma propriedade cabível aos números naturais, não podemos demonstrar $\forall n P(n)$ por verificação exaustiva de todas as instâncias $P(0)$, $P(1)$, $P(2)$ etc. Precisamos de algo que efetue, por assim dizer, todas essa verificações de um só golpe, ou seja, precisamos do princípio de indução completa (ou indução matemática). Verificamos $P(0)$ e $P(n+1)$ pressupondo $P(n)$, o princípio de indução nos garante que isso basta para garantir a veracidade de $\forall n P(n)$. Poincaré entendia que qualquer tentativa de demonstrar esse princípio estava fadada ao fracasso. Segundo ele, a sua validade se exibia na intuição da geração da sequência de números naturais a partir do primeiro (0) pela ação da operação de passar ao número seguinte. Evidentemente, ele não acreditava que esse era o único princípio *sintético* de demonstração, apenas que era o mais fundamental, por ser o princípio que se impõe à mais fundamental da ciências matemáticas, a aritmética.

O infinito e as definições impredicativas

Poincaré atribuía os paradoxos à impredicatividade tanto quanto à crença no infinito atual, mesmo que haja, e Poincaré sabia disso, paradoxos que não envolvem diretamente o infinito atual[19]. Obviamente ele acreditava que havia alguma conexão entre definições impredicativas e a crença no infinito. Vejamos qual poderia ser. Suponhamos um enunciado qualquer envolvendo um objeto impredicativamente definido. Para que esse enunciado fosse significativo ele precisaria ser verificável. Mas, ao tentarmos eliminar o termo impredicativo pela sua definição, ele seria reintroduzido, já que essa definição de algum modo o envolve. Assim, a verificação de uma asserção envolvendo termos definidos impredicativamente requereria um procedimento que não terminaria em tempo finito; logo, se banirmos da matemática o infinito atual, asserções desse tipo tornam-se inverificáveis, logo, *desprovidas de significado*. Isso explica por que Poincaré atribuía a aceitação da impredicatividade à crença no infinito atual.

---

19   Por exemplo, considere todos os números naturais que podem ser definidos com menos de cem palavras. Eles formam um conjunto finito, logo há um menor número natural que não pertence a esse conjunto. Mas esse número pode ser assim definido, e essa definição tem menos que cem palavras. O que origina um paradoxo. A impredicatividade da definição do número problemático é manifesta, pois a sua definição envolve um conjunto que o contém.

Assim como asserções envolvendo termos impredicativos, as asserções envolvendo o infinito atual não são, para Poincaré, passíveis de verificação. Por exemplo, suponhamos que A seja um conjunto atualmente infinito. A asserção $a \in A$ não poderia ser verificada (em tempo finito), pois essa verificação requereria que percorrêssemos toda a infinita extensão de A. Com os conjuntos *potencialmente* infinitos – que são apenas conjuntos *finitos* que podem ser indefinidamente aumentados (como uma lista de adesões sempre à espera de novos membros) – isso não ocorre, pois a cada momento eles têm apenas uma quantidade *finita* de elementos.

Assim, tanto enunciados envolvendo termos impredicativos quanto enunciados envolvendo termos que denotam entidades supostamente infinitas são desprovidos de significado. Por isso, segundo Poincaré, a aceitação tanto de definições impredicativas quanto do infinito atual gera paradoxos.

A existência matemática

Para Poincaré, como já dissemos antes, existir significa estar isento de contradições. Se uma definição (predicativa) não contraria os fatos já admitidos, o que ela define existe. Há um manifesto *nominalismo* no ponto de vista de Poincaré sobre o que exatamente passa a existir por meio de uma definição apropriada. Ele frequentemente diz que uma definição matemática define um termo, ou uma palavra, não havendo necessariamente nada que corresponda a ela num mundo de *objetos* matemáticos. Para Poincaré, a matemática é então, em sentido próprio, uma *linguagem* que usamos para descrever nossas experiências, quer porque elas assim o requeiram – como a linguagem da aritmética, que descreve intuições fundamentais – quer porque tal descrição é conveniente. Os termos dessa linguagem não precisam denotar objetos determinados.

Digressão

Essa me parece uma ocasião apropriada para se discutir a questão da existência matemática mais detidamente. Os objetos matemáticos preexistem à atividade matemática, ou existem apenas em razão dela? Que tipo de existência atribuir a esses objetos? Os construtivistas desta ou daquela orientação, kantianos, intuicionistas, predicativistas, ou outros mais que existam, concordam todos num ponto, os objetos aos quais os enunciados matemáticos se referem só existem quando apropriadamente criados, eles passam a existir na atividade matemática (por isso os partidários desse ponto de vista são chamados, apropriadamente, de construtivistas). Eles diferem apenas no sentido desse "apropriado". Para Kant e os intuicionistas, os objetos matemáticos são constituídos na intuição pura ou na consciência do matemático ideal por meio de certas construções ou operações. Os predicativistas substituem a consciência pela linguagem (os intuicionistas, por sua vez, não concedem muita importância à linguagem, que eles consideram incapaz de dar conta dos procedimentos constitutivos da intuição matemática, sempre em processo de enriquecimento e, portanto, sempre extrapolando os limites de qualquer linguagem dada).

Há basicamente três respostas possíveis para a questão da existência matemática: 1) os objetos matemáticos, números, entidades geométricas, conjuntos e que tais, existem independentemente da atividade matemática (embora não como os objetos físicos, no espaço e no tempo, se, por exemplo, os pensamos como objetos ideais[20]); 2) os objetos matemáticos passam a existir por meio da atividade matemática; e 3) os objetos matemáticos simplesmente não existem, os termos matemáticos não se referem rigorosamente a nada.

A primeira resposta é evidentemente a que deram Platão e Frege e todos os realistas (ou platonistas) em ontologia da matemática. A segunda resposta admite várias especificações dependendo de como respondamos às questões "como são criados os objetos matemáticos?" e "onde esses objetos habitam?". Kant e os intuicionistas nos respondem que os objetos matemáticos são criados (ou construídos) na intuição pura do espaço e do tempo e são as condições

---

20 Se bem que haja quem diga que, ao vermos uma dúzia de ovos, nós também *vemos* o número doze.

formais da experiência empírica (no caso de Kant); ou construções mentais justificadas por evidências propriamente matemáticas (no caso dos intuicionistas). Para ambos, os objetos matemáticos habitam o interior de uma consciência, a do matemático ideal (para os intuicionismo), ou do eu transcendental – que nada mais é que uma estrutura formal instanciada em cada eu psíquico (para Kant). Costuma-se atribuir a essas respostas o epíteto, usualmente pejorativo, de "psicologismo", uma vez que implicam que a matemática é principalmente, se não exclusivamente, uma atividade mental, um aspecto da vida psíquica dos matemáticos, o que lhe rouba o caráter de objetividade.

Tanto Kant quanto os intuicionistas podem responder a essas críticas dizendo que a objetividade matemática está garantida pelo fato de, para Kant, todos os seres humanos compartilharem as mesmas intuições puras do espaço e do tempo e, assim, a mesma matemática e, para os intuicionistas, pelo fato de todos os matemáticos reais, e todos os humanos em geral, serem aproximações do matemático ideal e, portanto, pelo menos no limite, compartilharem a sua matemática.

Há também os que, como Poincaré, atribuem à linguagem a capacidade de gerar, por meio de definições, os objetos matemáticos. Uma vez definidos, esses objetos passam a habitar o contexto cultural dessa linguagem. Evidentemente, nada a rigor é construído no mundo real por intermédio de uma definição matemática, os objetos definidos passam a ter existência apenas no mundo da linguagem. Isto é, todos, no contexto dessa linguagem, podem se referir significativamente a eles. Mas o que isso quer dizer exatamente?

Se um termo denotativo, ou seja, um termo que se refere a algo, um nome em sentido amplo, denota de fato, estamos em geral dispostos a acreditar que deve existir algo independente dele a que ele se refere. Mas isso nos obriga a acatar algum tipo de existência para os objetos matemáticos, desde que admitamos que os termos matemáticos, que ao menos aparentemente denotam esses objetos, são realmente denotativos, não meros símbolos sem referência. Somos constrangidos a admitir isso, parece, se admitimos que a matemática é verdadeira em sentido próprio, pois a verdade é, em geral entendida como a adequação entre o que se diz e aquilo sobre o qual se diz. Se eu disser algo com verdade é porque aquilo do qual eu digo algo efetivamente existe.

Há uma íntima correlação entre o significado de um termo, o que ele "quer dizer", e seu referente, aquilo ao qual ele se refere; pois é por meio de seu significado que um termo denota algo, *se* ele, de fato, denota algo. Há um debate, que faríamos bem ignorar aqui, se os termos simples, como os nomes, têm um significado, ou somente um referente. Admitamos, em todo caso, que esses termos simples admitem também uma significação, além de um referente, por dois motivos. Primeiramente, porque acreditamos que é por meio de seu significado que qualquer termo denota algo (ou, em geral, "procura" denotar algo) e, segundo, porque os termos devem, de algum modo, contribuir para o significado dos enunciados em que comparecem. Por exemplo, se a sentença "2 é ímpar" é de fato significativa (mesmo sendo falsa), então o termo "2" deve ele também ter algum tipo de significado, que contribui para o significado de toda a sentença.

Quando dizemos que é por meio de seu significado que um termo "procura" denotar algo, queremos enfatizar que, às vezes, esse procurar revela-se vão. Isto é, é possível que o referente de um termo significativo não exista realmente, não seja efetivamente algo. Por exemplo, mesmo que o termo "o maior número inteiro" tenha, parece, um significado e, portanto, "procure" denotar algo, precisamente o maior número inteiro, esse algo não existe (pois se existisse poderíamos sempre obter um número maior somando uma unidade a ele; logo, ele não seria o maior).

Alguém que acredita que os objetos matemáticos passam a existir em virtude da definição dos termos que os denotam parece raciocinar assim: as definições matemáticas criam os *significados* de certos termos, *portanto* criam também os *objetos* que eles denotam, desde que esses significados sejam possíveis (isto é, não contraditórios). Essas definições são arbitrárias, em grande medida; logo, o matemático tem o poder de criar objetos mais ou menos a seu bel prazer. Esses objetos existem apenas como focos referenciais dos termos que os denotam; são, portanto, dependentes do contexto linguístico em que foram criados. Em outras palavras, os objetos matemáticos existem apenas na medida em que os usuários da linguagem em questão concordam que estão falando "da mesma coisa" quando falam deles. A identificação dos objetos se dá pela identificação dos significados que os criam, e a objetividade dos objetos depende da objetividade dos significados fixados nas definições.

Há que se notar, porém, que podem existir definições que criam significados vazios, que não denotam efetivamente nada, como "o maior número inteiro". As definições realmente criativas devem obedecer a algumas restrições que nos garantam que seus referentes existem de fato. A mais fraca dessas restrições é simplesmente a consistência. As definições criativas devem ser consistentes com as teorias às quais elas aderem. Ou seja, elas não podem, contrariamente à tentativa de definir o maior número inteiro, nos levar a situações absurdas, como ter que admitir que existe um número maior que o maior número.

Se admitirmos, ademais, que o significado dos termos matemáticos consiste meramente no conjunto de regras para o seu uso, que o significado em sentido amplo de enunciados resume-se à conformidade às regras de uso dos termos que os compõem, então conhecer esse significado é nada mais que saber usar essas regras. Assim, se o significado determina o referente, então, referir-se ao objeto denotado por um termo consiste apenas em seguir as regras para o uso desse termo. O objeto denotado por ele, por sua vez, mantém sua identidade na exata medida em que a comunidade mantém-se fiel a essas regras. Dizer que um termo denota algo que *existe objetivamente* é simplesmente dizer que as regras para o uso do termo definido não conflitam com as regras de uso dos demais termos da linguagem. Tudo se passa *como se* existisse realmente algo fora da linguagem a que a linguagem apenas se referisse, sem ter participado de sua criação. Esse, digamos, criacionismo linguístico torna literalmente verdadeiro o dito que os limites do meu mundo (nesse caso, o mundo dos objetos matemáticos) são os limites da minha linguagem.

Por exemplo, quando definimos o termo "linha do equador" criamos algo no mundo, que não tem existência real, nem existência independente dessa definição, a linha do equador precisamente. Apesar de podermos localizar essa linha e mesmo atravessá-la, ela não tem existência real. Mas tem existência objetiva, porque nosso sistema de coordenadas geográficas permite que nos refiramos a ela mediante uma definição compartilhada e entendida por todos. Alguns criacionistas, como Poincaré, pensam o mesmo a respeito dos objetos matemáticos.

Esse tratamento linguístico da ontologia da matemática tem óbvias vantagens *vis-à-vis* o modo como platonistas, Kant e intuicionistas a tratam. Os objetos matemáticos abandonam os espaços reduzidos, intimistas e vedados à visitação pública da consciência humana, ou o paraíso platônico (literalmente uma utopia, um lugar nenhum), e se movem para domicílio público e notório. A linguagem lhes garante não apenas a morada, mas também a objetividade (a existência para todos), a atemporalidade (a existência fora do tempo e, portanto, a perenidade), a atopicidade (a existência fora do espaço) e a ubiquidade (a onipresença) que associamos aos objetos matemáticos.

Reduzir a existência matemática apenas àquilo que se pode definir tem, entretanto, um grave senão: nós não podemos definir tudo que gostaríamos. As linguagens humanas, e entre elas a linguagem matemática, tem um repertório limitado de definições possíveis. Sempre haverá objetos matemáticos que somos incapazes, mesmo em princípio, de definir. Por exemplo, se quisermos que todos os números reais – ou seja, os números que aparecem naturalmente como limites de processos de mensuração de grandezas contínuas, como tempo, espaço, velocidade, temperatura etc. – sejam definíveis para que tenham existência, então apenas uma parcela muito restrita de números reais existirá. E esse é apenas um exemplo.

Em geral restringir a existência matemática ao que se pode definir, intuir, ou de algum modo construir, constitui-se invariável e irreparavelmente em uma perda. Os construtivistas não se importam muito com isso, pois, para eles, não se pode perder o que não se tem. A rarefação dos domínios matemáticos promovida por construtivistas de diferentes persuasões, consiste, segundo eles, simplesmente na eliminação de fantasmas, não entidades que não deveriam estar ali para começo de conversa.

Mas há ainda algumas questões a respeito do construtivismo linguístico a serem respondidas. Aceitemos que as definições matemáticas criam objetos apenas na medida em que criam uma forma consistente de falar. Ou seja, que os termos definidos são significativos apenas na medida em que obedecem a certas regras linguísticas, e que são denotativos apenas na medida em que essas regras não contradizem o sistema geral de regras linguísticas. Nessa acepção a matemática reduz--se realmente àquilo que uma definição muito popular, se bem que raramente explicitada, de matemática, diz que ela é: meramente uma linguagem. A uma linguagem, no entanto, não cabe nenhuma noção própria de verdade. Assim, nessa acepção, a matemática não admite uma noção de verdade como correspondência a algo independente dela. Não existem, para essa variante nominalista de construtivismo, objetos independentes do discurso matemático, e, portanto, é desprovida de conteúdo a questão se esse discurso é adequado aos fatos como eles se dão independentemente do discurso.

Como explicar então o interesse e a enorme aplicabilidade da matemática às ciências empíricas e à nossa vida prática cotidiana? Se o matemático pode criar à vontade, limitado apenas pela exigência de consistência, por que ele prefere criar certos termos e não outros? Poincaré dizia que tudo que uma definição matemática cria é um termo, uma *façon de parler*. Mas, dependendo das circunstâncias, dizia ele, há modos de falar mais úteis que outros, e a premência de certos problemas práticos ou teóricos pode ser um grande incentivo à invenção matemática, isto é, a invenção de um modo de falar apropriado ao tratamento desse problema. Assim, essa filosofia "linguística" da matemática, que reduz os objetos matemáticos às suas definições, a verdade matemática interna (no contexto das teorias) à consistência, e a verdade matemática externa (a adequação da matemática ao mundo) à utilidade é um misto de convencionalismo e pragmatismo.

O protointuicionismo de Weyl

Hermann Weyl, junto de Hilbert, foi um digno sucessor de Poincaré, e como eles Weyl se interessou seriamente pelos problemas fundacionais da matemática. Weyl publicou, em 1918, um ensaio curto – *Das Kontinuum* [*O contínuo*] – dedicado a um dos mais intrigantes problemas matemáticos de todos os tempos, o contínuo precisamente. O mistério do contínuo entra na matemática, como Weyl mesmo reconhece, com os pitagóricos – que descobriram a existência de grandezas incomensuráveis – para nunca mais sair. Os paradoxos de Zenão – por exemplo, o do veloz Aquiles e a lenta tartaruga, que, entretanto, jamais a alcança numa corrida se lhe der alguma vantagem inicial, pois no tempo que leva para percorrer a metade da distância que os separava a tartaruga já se adiantou um pouquinho, e assim sucessivamente – nada mais são que alguns dos muitos quebra-cabeças gerados pelo contínuo.

O contínuo se oferece a nós diretamente na experiência, por exemplo, do fluxo do tempo, como uma totalidade infinitamente divisível, mas sem partes elementares. Kant já notara isso, que uma parte do contínuo (uma parte do espaço, por exemplo) é ela também um todo contínuo. Mas o melhor modelo matemático que temos dele, o contínuo aritmético dos números reais, é formado por pontos individuais e indivisíveis que, no entanto, juntam-se num contínuo uniforme. Como isso é possível? Evidentemente, a teoria matemática do contínuo falsifica de saída a natureza mesma do contínuo da intuição imediata.

Hilbert oferecera em 1900, em "O conceito de número", uma elegante axiomatização do contínuo aritmético dos números reais que não elimina essa contradição que jaz no cerne mesmo desse conceito, mas apenas a evita. É contra esse estado de coisas, e particularmente contra o formalismo hilbertiano – que volta ostensivamente suas costas à intuição –, que Weyl irá se insurgir. Ele diz explicitamente na introdução de *Das Kontinuum* que seu propósito não é "cobrir a 'rocha firme' na qual a Análise está fundada com uma estrutura falsa de madeira formalista" como, infere-se, Hilbert fizera, mas reconstruir o que for possível dessa Análise sobre bases sólidas, abandonando o que não se pudesse assentar sobre tais bases.

Apesar de ter escolhido a carreira matemática, em detrimento da filosofia, por influência de Hilbert, e de ter sido considerado por ele como seu sucessor, Weyl era crítico dos pressupostos filosóficos do seu mestre. Via nele uma "mistura superficial de empirismo e formalismo" a ser abandonada por um verdadeiro sistema de filosofia.

Esse sistema, como ele mesmo declara em *Das Kontinuum*, ele encontra em Husserl, de quem fora também aluno. Coincidentemente, Weyl seguiu precisamente o curso que Husserl deu em Göttingen no inverno de 1904-1905 sobre a constituição intencional do *fluxo contínuo* do tempo da experiência vivida.

A construção do contínuo aritmético de Weyl segue de perto a estrutura da constituição intencional da experiência do tempo como descrita por Husserl. Assim como os instantes temporais não existem na experiência vivida, mas são idealizações ou pontos-limites dela, os números reais, para Weyl, também o são. Assim como, em Husserl, esses pontos são produtos de uma consciência intencional, para Weyl os números reais são limites de sequências definíveis numa linguagem bem determinada, a da aritmética dos números naturais. Weyl substitui a consciência intencional de Husserl pela definição explícita numa linguagem dada. E se algo deve ser dado, isso só pode ser, acredita Weyl, a aritmética usual dos naturais e sua linguagem.

Nesse ponto Weyl diverge claramente de Poincaré; para ele, o conjunto dos números naturais é um *infinito atual dado*. Esses números são objetos independentes, para novamente usar uma linguagem husserliana, e os reais, por seu turno, são objetos *dependentes* deles. Essa distinção entre objetos dependentes e independentes é central nas *Investigações lógicas* de Husserl, que Weyl cita explicitamente na introdução de *Das Kontinuum*. Por isso, tanto os números reais quanto as funções reais da Análise reconstruída por Weyl devem ser definíveis na linguagem da aritmética. Nenhum número real, conjunto ou função existe sem que tenha sido desse modo "construído". Isso, claro, limita fortemente todo o projeto, uma vez que Weyl só consegue tratar dessa maneira as funções contínuas (como Brouwer, que de resto *demonstrava* que não há outras).

Mas a Análise de Weyl tem outros senões. Ela também atomiza o contínuo em pontos – contra a intuição –, e o contínuo aritmético que ela nos fornece só parece de fato contínuo visto do interior da teoria – já que ela é incapaz de dar-se conta de que esse contínuo tem "buracos" (por ser ela incapaz de defini-los aritmeticamente). Enfim, mesmo tentando cuidadosamente respeitar a intuição vivida do contínuo, a Análise de Weyl a falsifica. Mas, ele acredita, melhor não se pode fazer; é só assim que o entendimento consegue dar conta da intuição. Em última análise, a teoria matemática só se justifica na prática, em suas aplicações. É aí que ela deve mostrar o seu valor e ser substituída se não der conta da tarefa.

Weyl estava plenamente consciente das limitações de sua teoria do contínuo aritmético, e de suas falhas como um modelo matemático do contínuo da intuição, o contínuo geométrico. Por isso, abandonou-a mais tarde em prol das teorias de Brouwer, que, como vimos, oferecem uma reconstrução mais fiel da intuição do contínuo, essencialmente pelo uso das sequências de livre escolha.

Já nos ocupamos suficientemente de algumas versões do construtivismo em filosofia da matemática, é tempo agora de nos voltarmos à escola fundacional e filosófica responsável em grande medida pela existência mesma desses construtivismos, o formalismo hilbertiano, a *bête noire* que muitos construtivistas viam como responsável por um condenável afastamento da matemática de seus cânones tradicionais de distinção e, mais importante, clareza, isto é, evidência intuitiva.

5
O FORMALISMO

David Hilbert (1862-1943) foi um dos grandes da matemática. Seu nome aparece com destaque em praticamente todas as várias áreas da matemática pura e aplicada, incluindo os seus fundamentos. Em especial, Hilbert foi um campeão do método axiomático. Criado por Euclides no século III a.C., o método axiomático-dedutivo consiste em fundar toda uma ciência em uma base de verdades não demonstradas – os axiomas da teoria – a partir das quais se podem derivar todas as verdades dessa ciência por meios exclusivamente lógicos. Euclides ficou um pouco aquém desses objetivos. Em primeiro lugar a axiomatização da geometria euclidiana não era completa. Em suas demonstrações Euclides lançava mão de verdades "intuitivas" que não se encontravam entre os axiomas. Além disso, os métodos de derivação eram antes métodos de construção que propriamente métodos lógicos de demonstração.

Por isso, a axiomática euclidiana não era, a rigor, um sistema lógico, muito menos lógico formal. Ou seja, não se constituía como um sistema de símbolos de uma linguagem explicitamente dada, manipulados segundo regras (de formação e de transformação)[1]

---

1   Regras de formação determinam as expressões bem formadas da linguagem; regras de transformação são regras de derivação, que permitem deduzir certas expressões bem formadas a partir de outras dadas como pressupostos.

também explicitamente dadas. Numa teoria axiomática formal as deduções são cadeias de transformação de expressões simbólicas segundo regras explícitas de manipulação de símbolos. Porém, as expressões simbólicas não precisam ser necessariamente vistas como destituídas de significado, nem as deduções como meros encadeados de expressões em que nenhuma verdade é transmitida. A explicitação das regras de dedução apenas torna desnecessário que o processo dedutivo seja acompanhado a cada passo por uma evidência da correção desse passo. Por assim dizer, as regras de um sistema formal "pensam" por nós (como, aliás, queria Leibniz. Lembre-se de que a ideia de uma *characteristica universalis* era exatamente essa, um processo algorítmico de pensar).

Pensar mecanicamente por símbolos não é um evento raro em matemática. Quando somamos dois números grandes em notação decimal pelo familiar algoritmo da soma que aprendemos na escola elementar, passa-se exatamente isso, deixamos o algoritmo calcular por nós (a aritmética, precisamente, era o modelo da *characteristica* leibnizina). Se tivéssemos que somar esses números juntando as unidades de cada um deles num processo temporal, à maneira intuitiva preconizada por Kant, talvez nossa memória falhasse, ou o tempo disponível não fosse suficiente. O cálculo algorítmico vem justamente em socorro de nossa fraca capacidade de representação intuitiva imediata[2].

O sistema axiomático-dedutivo de Euclides, porém, não abria mão do concurso da intuição – no caso, a percepção visual – no processo dedutivo. Era isso que o tornava não formal. Mas há um outro sentido de formal, que envolve a abstração do *sentido* das expressões da teoria. A rigor podemos distinguir dois tipos de teorias axiomáticas. Aquelas cujas asserções têm um significado determinado e descrevem um domínio especificado de objetos, as chamadas *teorias interpretadas*, como a geometria de *Os elementos* de Euclides. E aquelas cujas asserções são destituídas de qualquer significado determinado

---

2   Lembre-se de que esse processo algorítmico era, para Kant, também uma forma de construção, construção simbólica precisamente.

e podem ser vistas simplesmente como uma sucessão de símbolos da linguagem em que a teoria é expressa. Chamaremos essas teorias de *teorias axiomáticas não interpretadas, teorias puramente formais* ou ainda *teorias simbólico-formais*. Os axiomas dessas teorias podem ser entendidos como definições implícitas dos termos específicos da teoria em questão – isso significa apenas que não importa como interpretemos esses termos, eles só têm as propriedades que lhe são dadas pelos axiomas e suas consequências lógicas. As propriedades que os axiomas atribuem aos termos valem independentemente de qualquer interpretação *particular* que dermos a eles. Em geral, teorias não interpretadas admitem diferentes interpretações, isto é, diferentes atribuições de significado aos termos da teoria de modo a tornar verdadeiros seus axiomas. Consideremos um exemplo:

Podemos dar explicitamente um conjunto de axiomas para a aritmética dos números (naturais), os bem conhecidos axiomas de Dedekind-Peano:

(a) **0** é um **número**.

(b) O **sucessor** de qualquer **número** é um **número**.

(c) **0** não é **sucessor** de nenhum **número**.

(d) Se os **sucessores** de dois **números** são iguais, esses **números** são iguais.

(e) Se um conjunto de **números** contém **0** e o **sucessor** de qualquer **número** nele contido, então ele contém todos os **números**.

Se os termos em **negrito** são entendidos segundo seu significado habitual, os axiomas (a)-(e) são asserções *verdadeiras* sobre os números naturais. Isto é, (a)-(e) são os axiomas de uma teoria interpretada que descreve o domínio dos números naturais. Mas nós podemos desvestir esses termos de suas significações habituais do seguinte modo: "**0**" passa a ser apenas o *nome* de um objeto não especificado, "**número**" o *nome* de uma propriedade desses objetos e "**sucessor**" o *nome* de uma operação entre eles (esses nomes são arbitrários e poderiam muito bem ser outros). As asserções (a)-(e) não mais expressam verdade alguma, uma vez que os termos em negrito já não têm nenhum significado determinado, elas simplesmente expressam relações formais entre eles, que poderiam muito bem ser chamados por quaisquer outros nomes (por exemplo, "**plac**", "**plic**" e "**ploc**"), já que não mais designam o que entendemos usualmente por esses termos. (a)-(e) são agora os axiomas puramente formais de uma teoria não interpretada. (Husserl chamava de *abstração formalizante* – ou *formal* – o processo de desvestimento de significados que gera uma teoria formal a partir de uma teoria interpretada.)

Nós estamos livres agora para interpretar os termos em negrito como quisermos, desde que essa interpretação satisfaça (a)-(e). Por exemplo, podemos querer que "**0**" denote o número 2, "**sucessor**" a operação +2; e "**número**", a propriedade de ser múltiplo de 2. Com essa leitura todos os cinco axiomas são verdadeiros. Outras interpretações são também possíveis. Por exemplo, podemos interpretar "**0**" como o conjunto vazio, "**sucessor**" como a operação de unir um conjunto ao conjunto unitário que contém apenas esse mesmo conjunto (isto é, **sucessor** $(x) = x \cup \{x\}$) e **número** qualquer conjunto obtido a partir do conjunto vazio por uma iteração finita da operação **sucessor**. Com essa interpretação, é fácil de ver que (a)-(e) também são verdadeiros.

Uma teoria axiomático-dedutiva interpretada pode ou não ser formal, mas uma teoria não interpretada é sempre formal, pois se os termos da teoria não significam nada, só podemos manipulá-los mediante um sistema dado de regras explícitas. A axiomatização que Hilbert apresentou em 1899 da geometria nos *Grundlagen der Geometrie* [*Os fundamentos da Geometria*] era desse tipo, uma teoria não interpretada e formal. Enquanto Euclides apresentava definições dos termos "ponto", "reta" e "plano" (e axiomas, ou postulados, como verdades evidentes referentes a esses termos), Hilbert apenas considerava três distintos conjuntos de objetos, que *chamava* de pontos, retas e planos (mas que poderia *chamar* do que quisesse). Postulava, além disso, que esses objetos mantinham entre si certas relações, *chamadas* de "está em", "entre" e "congruente". Os axiomas da teoria expressavam relações entre esses termos e a partir desses axiomas obtinha-se "a descrição precisa e matematicamente completa"³ dessas relações. Um desses axiomas dizia que "há pelo menos três pontos que não estão em uma reta". O leitor estava livre para substituir os termos "ponto", "reta" e "está em" pelo que bem entendesse, desde que houvesse pelo menos três pontos que não estivessem em uma reta. Por exemplo, "ponto" poderia significar livro de uma biblioteca; "reta", uma estante dessa biblioteca, e "está em" a relação que se estabelece entre um livro e a sua estante. O axioma citado seria verdadeiro se essa biblioteca tivesse pelo menos três livros que não estivessem numa mesma estante.

Esse procedimento – o de abstrair o sentido dos termos de uma teoria que se quer axiomatizar – tem a óbvia vantagem de impedir que o significado desses termos se intrometa nas deduções, emprestando-lhes verdades que não foram selecionadas como axiomas. A abstração formalizante – ou formalização simplesmente – é um estratagema para manter os procedimentos dedutivos no interior de um sistema axiomático-dedutivo dentro dos limites estabelecidos. Ademais, ela tem a vantagem de pôr às claras o arcabouço lógico de uma teoria.

Enquanto as demonstrações no sistema de Euclides dependiam muito de intuições espaciais e diagramas, no sistema de Hilbert bastam a lógica e os axiomas para se derivar os teoremas da geometria. Hilbert liberou o método axiomático de suas limitações, abrindo-lhe os horizontes do puro formalismo. Ele viu claramente que a natureza dos objetos de um domínio descrito por uma teoria axiomática interpretada não desempenhava nenhum papel lógico, vislumbrando assim a possibilidade de abstrair completamente a natureza desses elementos, reduzindo domínios matemáticos a sua pura forma lógica, e tradicionais teorias matemáticas a teorias puramente formais.

Mas isso tinha um preço. A eliminação da intuição dos procedimentos dedutivos abria a possibilidade para a constituição de sistemas que demonstravam muito mais do que se queria, a saber, os sistemas

---

3   *Os fundamentos da Geometria*, cap. I, § 1. Com isso Hilbert quer dizer que *tudo* o que se há para saber sobre essas relações pode ser obtido a partir dos axiomas.

inconsistentes, em que tudo pode ser demonstrado[4]. Por isso, Hilbert concebeu a necessidade dos estudos metamatemáticos que tivessem por objeto não as tradicionais entidades matemáticas (números, conjuntos, funções, estruturas algébricas etc.), mas as teorias formais. A seguinte questão nos introduz imediatamente na metamatemática: se teorias puramente formais não são nem verdadeiras nem falsas, por não serem interpretadas, como garantir que não são absurdas? Uma teoria interpretada é consistente, isto é, não admite consequências contraditórias, simplesmente porque é verdadeira. Afinal, ela descreve uma realidade dada, os números (no caso da aritmética), ou as formas espaciais (no caso da geometria), ou outra qualquer. Mas uma teoria não interpretada não descreve nada em princípio. Como sabemos que ela não nos induz a conclusões contraditórias? O fato é que não o sabemos; precisamos, portanto, mostrá-lo. Mas para tanto devemos tomar a própria teoria matemática formal como um objeto de estudo. Está criada assim a metamatemática. Cabe-lhe estudar as propriedades de sistemas formais *por métodos matemáticos*. Não apenas o problema da consistência, mas também a *completude*, isto é, a propriedade que garante que dada qualquer asserção expressa na linguagem do sistema, ela, ou sua negação, são demonstráveis (mas não ambas, pois senão o sistema seria inconsistente) e a *independência* dos axiomas do sistema, ou seja, que nenhum deles pode ser deduzido dos restantes. Posteriormente, ao longo do século XX, a metamatemática de Hilbert irá enriquecer-se com novos problemas.

Os *Grundlagen der Geometrie* não se resumiam à geometria euclidiana, mas consideravam também as chamadas geometrias não euclidianas. Essas geometrias nasceram da tentativa de se demonstrar

---

4   Um sistema é *inconsistente* quando permite a derivação de uma asserção A e sua negação $\neg A$. Como a asserção $A \rightarrow (\neg A \rightarrow B)$, em que A e B são asserções quaisquer, é uma tautologia (isto é, ela é verdadeira não importa como interpretemos A e B), então podemos usá-la como pressuposto em qualquer derivação. Logo, por duas aplicações de *Modus Ponens* (de A e $A \rightarrow B$ deduza B, quaisquer que sejam A e B) deduzimos B. Ou seja, num sistema inconsistente qualquer asserção é dedutível. Um sistema inconsistente, portanto, é trivialmente desinteressante, uma vez que o conceito de teorema, ou asserção demonstrável, é completamente trivializado.

que o quinto postulado de Euclides, o postulado das paralelas, era *dependente* dos restantes (sendo assim um teorema demonstrado, não um axioma, uma verdade autoevidente). Essas tentativas duraram séculos, mas, pelo início do século XIX, ficou claro que não apenas o postulado das paralelas era de fato independente, mas que era possível substituí-lo por axiomas contrários a ele *sem contradição*. Nasciam assim as geometrias não euclidianas. Já se sabia no tempo de Hilbert que a consistência das geometrias não euclidianas dependia da consistência da geometria euclidiana, pois era possível construir interpretações daquelas em termos dessa, de tal modo que se um absurdo fosse derivado numa geometria não euclidiana, ele poderia ser traduzido num absurdo na geometria euclidiana. Hilbert mostrou, porém, que a consistência de todas essas geometrias depende em última análise da consistência da aritmética dos números reais, já que ele foi capaz de construir interpretações numéricas dos termos geométricos e fazer assim as geometrias falarem de números.

Isso punha em evidência o problema da consistência da teoria dos números reais. O primeiro passo para se mostrar a consistência de uma teoria é axiomatizá-la como um sistema formal e submetê-la a análises metamatemáticas. Foi isso que Hilbert começou a fazer em 1900, num artigo chamado "Über den Begriff der Zahl" ["Sobre o conceito de número"], apresentando a aritmética dos números reais como um sistema formal. Já a segunda etapa da tarefa, demonstrar a consistência desse sistema, lhe pareceu bem mais complicada. Em primeiro lugar há que determinar *como* isso deve ser feito. O método usual de demonstração de consistência à época consistia em exibir um modelo da teoria, isto é, uma interpretação de seus termos que tornasse verdadeiros os seus axiomas. Hilbert havia demonstrado desse modo a consistência das geometrias, euclidiana e não euclidiana, interpretando-as em termos numéricos. Mas isso apenas transfere o problema, uma vez que essas demonstrações *relativas* de consistência pressupõem a consistência da teoria no interior da qual os termos da teoria cuja consistência se está demonstrando são interpretados. O que se requeria era uma demonstração *absoluta* de consistência da aritmética dos números reais. Só assim a consistência dessa teoria, e de todas as teorias cujas consistências estão na sua dependência, estaria definitivamente demonstrada.

Uma possibilidade é examinar a aparato dedutivo do sistema cuja consistência se quer demonstrar e mostrar que ele não é capaz de gerar contradições. Mas esse exame deve pressupor algo, uma teoria de base que *sabemos* consistente. O ponto de partida deve ser uma teoria interpretada suficientemente simples para que sua consistência nos seja intuitivamente dada, pois, se tivéssemos que demonstrá-la, essa demonstração exigiria uma teoria ainda mais fundamental, num processo de regressão que não pode durar para sempre. A teoria de base que Hilbert irá privilegiar é uma forma muito elementar de aritmética, mais "pobre" que a aritmética usual dos números naturais, que ele chama de matemática finitária. Ele entende que essa matemática é a teoria de um domínio de entidades *concretas* ou muito próximas de entidades concretas (os símbolos de um sistema simbólico), cuja verdade – e, portanto, consistência – pode ser imediatamente verificada pelos *sentidos* (*ad oculos*). Essa escolha, como veremos, é um modo de responder aos ataques à matemática clássica por parte de Brouwer e Weyl e justificar de uma vez por todas os métodos *infinitários* dessa matemática[5].

Embora o chamado *programa de Hilbert* – o projeto de demonstrar a consistência da aritmética dos números reais e outras teorias matemáticas de uma perspectiva finitária – seja uma criação de fins dos anos 10 do século XX (que irá se estender até praticamente o fim da vida de Hilbert), ele já se esboçava a partir dos últimos anos do século XIX. Hilbert foi um admirador incondicional da teoria dos conjuntos de Cantor, a primeira teoria matemática do infinito, entendido, contra Aristóteles e praticamente toda a tradição filosófica e matemática, como uma totalidade *acabada*. Kronecker, um grande matemático alemão falecido em 1891, que tinha tornado a vida de Cantor muito difícil (sendo, segundo alguns, o responsável pelo seu desequilíbrio mental) pela sua tenaz oposição à teoria

---

[5] Num certo sentido, esse projeto consiste numa justificação do infinito a partir do finito.

cantoriana dos números infinitos (ou transfinitos), por seu lado, só acreditava na realidade dos números naturais, e mesmo assim ele não os via como constituindo um conjunto infinito dado de uma vez por todas. Também Poincaré (alguns anos mais velho que Hilbert, mas que projetou sobre ele até sua morte em 1912 a sombra de maior matemático vivo) se indispunha contra o infinito atual, além de acatar juntamente com Kronecker a veracidade intuitiva da aritmética dos números naturais. Assim, Hilbert via como sua tarefa assegurar um lugar na matemática para a teoria de Cantor, para o infinito, os métodos infinitários, enfim, para toda a matemática – a que recebera, mas também a que ele criara – sem cortes ou mutilações. Contra Kronecker e Poincaré, mas também contra jovens "revolucionários" como Brouwer e Weyl.

Contra uma concepção de existência matemática fundada na construção, Hilbert propunha uma concepção "idealista" fundada na mera consistência. Para Hilbert, a simples consistência de uma noção ou teoria era suficiente para torná-la matematicamente aceitável. Esse ponto de vista foi uma constante em sua vida como matemático. Sua carreira científica começou com a resolução de um problema na teoria dos invariantes algébricos conhecido como problema de Gordan. Esse problema pedia que se mostrasse a existência de uma base finita para um sistema de invariantes. Do ponto de vista tradicional isso significava *exibir* tal base. Hilbert subverte esse *approach* mostrando que uma base finita deveria necessariamente existir, a menos de contradição lógica, *sem, no entanto, mostrar nenhuma explicitamente*. Gordan, ao tomar conhecimento da solução de Hilbert, teria dito que "isso não é matemática, mas teologia"[6]. Essa concepção de existência matemática permanece no cerne do pensamento matemático de Hilbert durante toda a sua vida.

O apreço de Hilbert pela teoria de Cantor e seu apego à consistência como critério de existência e verdade manifestaram-se em particular numa conferência que Hilbert apresentou em Paris, em

---

6   Mais tarde, quando uma base específica foi exibida, teria dito que estava convencido que mesmo a teologia podia ser útil.

1900, por ocasião do II Congresso Internacional de Matemáticos. Nessa ocasião Hilbert chamou para si a responsabilidade de indicar possíveis rumos para a matemática do século que começava apresentando uma lista de problemas abertos que ele considerava relevantes e merecedores de especial atenção por parte dos matemáticos nesse novo século (a lista tem 23 problemas, mas na conferência Hilbert só mencionou dez). Como ele falava na casa de um adversário de Cantor – em uma série de livros escritos a partir de 1902 Poincaré argumenta contra "cantorianos" e "logicistas"[7] com igual fervor –, Hilbert decidiu colocar no topo da sua lista o problema do contínuo que Cantor vira como o mais importante de sua teoria (esse problema, em poucas palavras, pede que se determinem *quantos* números reais existem[8]). Logo em seguida Hilbert lista o problema da consistência da aritmética dos números reais. A ordem de apresentação dos problemas escolhida por Hilbert é um indício seguro de sua concepção da natureza da matemática.

Mas Hilbert não oferecia indicações muito precisas de quais métodos seriam aceitáveis para a demonstração da consistência da aritmética. Que isso devesse ser feito pela análise do sistema formal da aritmética e com os recursos da uma matemática finitária fundada na percepção direta (por meio dos sentidos) desse sistema como um sistema de manipulação de sinais gráficos era um ponto pacífico, sustentado como uma resposta a finitistas como Kronecker. Aquilo que ficou conhecido como o programa de Hilbert, perseguido a partir dos primeiros anos da década de 1920, foi a alarmada resposta de Hilbert aos que como Brouwer e Weyl lançavam duras críticas à matemática que ele praticava e da qual não queria se desfazer. Se se

---

7   Os logicistas, como Frege, buscam o que Poincaré considerava uma quimera, a redução da aritmética dos números naturais à lógica. Para Poincaré, como vimos, essa aritmética fundava-se numa intuição imediata.

8   Cantor mostrou que existem *mais* números reais que números naturais, pois não existe nenhuma correspondência biunívoca entre esses dois conjuntos. Na verdade, existem tantos números reais quantos *conjuntos* de números naturais. A questão é determinar se a quantidade de números reais é a quantidade infinita *imediatamente* superior à quantidade de números naturais.

pudesse, pensava Hilbert, mostrar por métodos aceitáveis a esses críticos, que a matemática tradicional é consistente, ou seja, que os métodos tradicionais de demonstração e definição matemática não geram contradições, então não haveria porque abrir mão deles. Mostrar-se-ia assim, contra Poincaré, que nem a impredicatividade nem o infinito são responsáveis pelos paradoxos e, contra Brouwer, que a lógica clássica "puramente formal" não é o caminho seguro para o desastre.

Claro que do ponto de vista do próprio Brouwer uma demonstração de consistência, ainda que segundo as mais estritas condições finitárias – ainda mais rigorosas que as intuicionistas –, não significa grande coisa, já que a ausência de contradição não garante a *verdade* (o que, aliás, Kant já dissera). Na realidade, Hilbert nunca explicou a contento em que sentido uma demonstração de consistência tem relevância *epistemológica*. Uma resposta possível a essa questão seria considerar a matemática finitária – essa matemática fundada na intuição que descreve a "mecânica" de um sistema formal – como a única que a rigor nos fornece algum *conhecimento*, e suas extensões simbólico-formais consistentes como meros jogos simbólicos sem significado cuja única função é facilitar a nossa vida, possibilitando a derivação de asserções significativas por métodos mais eficientes.

Essa estratégia tem uma história importante em matemática. De há muito os matemáticos acostumaram-se a postular de maneira mais ou menos *ad hoc* a existência de entidades cuja única razão de ser é tornar os problemas mais tratáveis e as teorias e os métodos mais elegantes. Um exemplo simples – mas fundamental para o desenvolvimento da geometria – foi a postulação por Kepler de um ponto no infinito a fim de unificar o tratamento das cônicas[9].

---

9   Enquanto os gregos (Apolônio em particular) tratavam a elipse, a hipérbole e a parábola como curvas distintas, Kepler percebeu que a parábola podia ser vista quer como uma elipse, quer como uma hipérbole com um ponto focal no infinito.

A criação dos números complexos – as raízes quadradas de números negativos que Kant abolia da matemática como puros e simples absurdos – mostrou desde cedo (desde o século XVI com os algebristas italianos, para ser mais preciso) seu valor na teoria das equações algébricas. Os ideais de Kummer reintroduziam em contextos mais gerais as leis simples de divisibilidade válidas entre números inteiros. E assim por diante. A imaginação dos matemáticos sempre foi pródiga em invenções livres de qualquer compromisso com a intuição, ou mesmo com a coerência, quando se tratava de resolver problemas ou construir teorias mais elegantes[10] ou mais potentes. Hilbert, ele próprio, considerava a liberdade de criar, sob a única ressalva da consistência, como direito inalienável dos matemáticos. Mas a tradição não pode ser critério de verdade. A questão permanece aberta: em que sentido as livres criações dos matemáticos, ainda que consistentes, têm algo a ver com o conhecimento?

Husserl tentou justificar o direito matemático à livre invenção, sem, porém, abrir mão do compromisso com a verdade[11]. Se a matemática contentual, isto é, a matemática com sentido e objeto determinados, fosse *completa*, isto é, se ela pudesse *em princípio* decidir qualquer questão que lhe dissesse respeito (ou seja, se dada qualquer asserção expressa na linguagem da teoria, ou ela ou sua negação fosse demonstrável), então as extensões puramente formais e simbólicas consistentes dela não demonstrariam nada que ela própria não pudesse demonstrar. Isso faria da matemática simbólico-formal apenas um recurso útil, mas dispensável. Os teoremas da teoria formal que se referissem *exclusivamente* ao domínio

---

10   A elegância em matemática, como em qualquer contexto, se define como o *máximo* de efeito (ou consequências desejáveis) com o *mínimo* de recursos.
11   Husserl apresentou seus pontos de vista em duas conferências pronunciadas em 1901 em Göttingen, na Sociedade de Matemática, a convite de Hilbert. Fica claro nessas conferências que Husserl não aceitava que uma mera demonstração de consistência pudesse responder às questões filosóficas que as teorias matemáticas puramente formais levantava, em particular a relevância epistemológica de um "pensamento" simbólico sem conteúdo próprio.

objeto da teoria contentual seriam assim rigorosamente verdadeiro. Os outros apenas um subproduto sem sentido ou verdade[12].

Se, como Kronecker, nós acreditássemos apenas nos números naturais e não víssemos senão a aritmética como uma ciência matemática própria e verdadeira, qualquer extensão consistente e completa dela, como a aritmética dos números reais – se pudéssemos mostrar que ela é de fato consistente e completa – seria, segundo essa estratégia de Husserl, aceitável como um recurso para se demonstrar teoremas da aritmética dos naturais de modo mais fácil e elegante. E essa seria toda a justificação que se poderia dar para a aritmética dos números reais. Desnecessário dizer que Hilbert não poderia simpatizar com essa ideia, já que ela reduz toda a matemática simbólica a um papel de coadjuvante, e mesmo assim um coadjuvante cuja ausência de cena não faria muita falta.

A verdade é que o programa de Hilbert visava apenas garantir a *segurança* dos métodos e das teorias da matemática tradicional, não a sua relevância no esquema geral do *conhecimento* humano. Essa garantia se daria pela demonstração da consistência da matemática formalizada no seio de uma matemática cuja verdade é evidente. O programa de Hilbert comportava assim dois momentos: (1) a formalização das tradicionais teorias matemáticas (a aritmética dos reais, a análise, a teoria dos conjuntos etc.) e (2) a demonstração da consistência dessas versões formalizadas da matemática *standard* numa aritmética finitária cuja veracidade poderia ser diretamente verificada. (Como veremos, os dois teoremas de incompletude de

---

12 Essa, porém, não é a melhor resposta que Husserl dá a essa questão. Nas *Investigações lógicas* (1900-01) e textos posteriores, e mesmo em textos que datam de 1890 – anteriores, portanto, à publicação da *Filosofia da aritmética* (1891) –, Husserl apresenta a seguinte justificativa para a matemática puramente formal: ela estuda estruturas matemáticas formais livremente criadas, entendidas como arcabouços formais de *possíveis* domínios de objetos. A matemática formal é um capítulo da ontologia formal. Assim, elementos imaginários podem ser entendidos como meros "pontos de articulação" dessas estruturas, justificados apenas em função desse papel. Esse modo de ver, a meu juízo, dá a melhor solução ao mistério dos imaginários em matemática (como podem ser tão úteis coisas que nem sentido têm?): sua utilidade reside em sua tarefa precípua de suportes de estrutura. E a criação da estrutura adequada é a chave do tratamento conveniente e eventual solução de problemas matemáticos.

Gödel, demonstrados em 1931, dão um golpe certeiro tanto numa quanto na outra perna do programa de Hilbert.) Não se pode concluir disso que Hilbert de fato acreditasse que a matemática formal fosse *apenas* um jogo simbólico. Tudo leva a crer que considerá-la assim tenha sido para ele apenas uma estratégia com o fim precípuo de demonstrar a sua consistência. Dificilmente Hilbert acataria a tese *filosófica* de que teorias simbólico-formais são apenas jogos sem sentido. Em primeiro lugar, porque tal tese retiraria da matemática que subjaze aos sistemas formais – e a partir das quais eles são obtidos por formalização – qualquer pretensão de conhecimento, contra a crença profunda de Hilbert na relevância da matemática no sistema geral do conhecimento humano, que se explicita, por exemplo, na íntima comunhão da matemática com a física. Como um simples jogo simbólico – não muito diferente do jogo de xadrez – pode contribuir para o nosso conhecimento da natureza? Tudo indica que Hilbert não acatava a tese formalista forte: a matemática é apenas um jogo simbólico. Seu programa visava garantir segurança, não verdade, que, não obstante ao que tudo indica, ele acreditava pertencer por direito à matemática, dada a sua relevância para o estudo da natureza.

Vamos a seguir estudar o programa de Hilbert com mais detalhes e ver por que no final das contas fracassou em seus objetivos iniciais (se bem que tenha podido ser reposto com objetivos mais humildes).

O programa de Hilbert

No dia 8 de agosto de 1900, Hilbert propôs perante o II Congresso Internacional de Matemáticos, reunido em Paris, uma lista de dez dentre 23 problemas cujas soluções os matemáticos deveriam prover, segundo ele. Hilbert não duvidava de que essas soluções existissem, bastando para encontrá-las a dose exata de esforço e engenho. O segundo problema da lista pedia que se demonstrasse a "compatibilidade dos axiomas aritméticos". Isso já levanta algumas questões: 1) A que aritmética se referia Hilbert? 2) Por que seriam necessárias demonstrações de consistência de teorias *verdadeiras*, como são, supõe-se, as aritméticas usuais dos números naturais, racionais e reais? (Haveria alguma razão para se duvidar que elas fossem, de fato, verdadeiras?) 3) Que ferramentas matemáticas seriam admissíveis nas demonstrações de consistência; ou seja, essas demonstrações deveriam ser levadas a cabo em que contexto matemático? Ainda que, como já vimos, Hilbert tivesse em mente a aritmética dos números reais, vamos aqui nos contentar em analisar o problema da consistência de uma teoria aparentemente mais simples, a aritmética dos inteiros não negativos, e isso dá conta da primeira questão. Já a segunda requer a distinção entre teorias de domínios determinados e teorias puramente formais[13]. A aritmética contentual, isto é, a teoria axiomática dos números inteiros não negativos (ou números naturais) é evidentemente uma teoria consistente, simplesmente por ser a teoria de um domínio *dado* de objetos, os números naturais. A consistência dessa aritmética está, portanto, na dependência da existência de uma *intuição* capaz de nos fornecer, precisamente, os objetos da teoria dos números. Ou, dito de outra forma, a consistência da aritmética contentual está garantida por uma intuição que, pressupõe-se, tem a capacidade de nos oferecer uma teoria verdadeira. Sendo verdadeira, a aritmética contentual é, *a fortiori*, consistente.

A aritmética formal, entretanto, não é uma teoria de nenhum domínio pré-dado de objetos; logo não é em nenhum sentido próprio, nem verdadeira, nem falsa[14]. Podemos dizer que ela descreve uma *estrutura formal*[15], cuja realidade está *sub judice*. Por isso o problema de sua consistência é tão importante. Trata-se de demonstrar que a estrutura formal que a teoria descreve é uma estrutura possível, ou

---

13 Frege tinha grande dificuldade em perceber essa distinção. Por isso nunca chegou a entender efetivamente por que Hilbert insistia na demonstração da consistência da aritmética.

14 Cabe aqui a "definição" de matemática dada por Russell: o discurso em que não sabemos do que falamos, nem se o que falamos é verdadeiro.

15 Dissemos antes que uma teoria puramente formal pode ser vista como uma definição implícita, mas apenas formal, de seus termos. Mas podemos entender também, como fazem os estruturalistas, que ela define uma *estrutura formal* compartilhada por todas as suas interpretações.

seja, é a estrutura de um domínio possível de objetos. E isso esgota a existência que cabe aos conceitos matemáticos, pois, como disseram Hilbert, Poincaré e Cantor, existir em matemática tem apenas um significado, estar livre de contradições.

Que estrutura, então, descreve a aritmética formal? A resposta mais simples é a seguinte: a estrutura das sequências de tipo ω, ou sequências-ω. Uma sequência-ω é qualquer sequência linear discreta de "pontos"[16], com primeiro, mas sem último elemento, onde cada ponto tem um (único) sucessor imediato e pode ser atingido a partir do primeiro por um número finito de passos (cada "passo" leva ao sucessor). Os axiomas da aritmética formal (axiomas de Dedekind-Peano) são simplesmente a caracterização[17] em uma linguagem formal apropriada das propriedades formais das sequências-ω. Eles nos dizem, com respeito a qualquer sequência-ω, que "há um primeiro ponto", "a todo ponto segue-se um outro ponto, o ponto sucessor desse", "a operação de obtenção de pontos sucessores é injetiva" e "não há pontos que não sejam obtidos do primeiro ponto por uma iteração finita da operação 'sucessor'" (este é o axioma de indução completa). É precisamente a consistência dessa teoria formal que Hilbert pede que se demonstre.

Há uma maneira óbvia de se fazer isso dando uma interpretação para a teoria, isto é, *exibindo* uma sequência-ω; por exemplo, a sequência dos números naturais. Mas isso é, na verdade, só uma maneira de escamotear o problema. Pois como podemos saber que esta sequência exibida é *mesmo* uma sequência-ω? Ou apelamos para a intuição ou mostramos de algum outro modo que ela é, de fato, uma interpretação da teoria. Mas isso é equivalente a mostrar que a teoria é consistente. E assim estamos de volta à estaca zero. Ou aceitamos o poder da intuição ou descobrimos uma outra forma de mostrar a consistência da aritmética formal[18].

---

16 Dizer "pontos" é simplesmente uma forma de dizer "quaisquer coisas". Poderíamos dizer também "vazios" ou "posições".
17 Ou, segundo Hilbert, a definição implícita do conceito de sequência-ω.
18 Poincaré, como vimos, acreditava que não poderia haver uma demonstração direta da consistência da aritmética que não envolvesse um círculo vicioso, como na "demonstração" a seguir. Só a intuição pode garantir um fundamento para a aritmética.

Considere a seguinte tentativa de demonstração da consistência da aritmética por indução no comprimento das demonstrações: 1) mostramos que os axiomas (demonstrações de comprimento unitário) não contém contradições e 2) mostramos que demonstrações de comprimento igual a *n* não contêm contradições *se* as demonstrações de comprimento menor do que *n* também não as contiverem. E concluímos por argumento indutivo que nenhuma demonstração, de qualquer comprimento, contém contradições, o que mostra a consistência da aritmética.

Essa "demonstração", porém, tem sérios problemas. A fim de se demonstrar a consistência de uma teoria, a teoria objeto, nesse caso a aritmética, nós sempre *usamos* uma outra teoria, a metateoria (por isso toda demonstração de consistência é sempre relativa a alguma teoria. Uma demonstração absoluta de consistência é apenas uma demonstração relativa a uma teoria sabidamente consistente). É apenas no contexto de uma *metateoria* que se pode demonstrar a consistência da aritmética formal. Nesse caso a metateoria contém explicitamente a própria aritmética, pois pressupõe toda a teoria dos números – incluindo o princípio irrestrito de indução finita – necessária para se dizer o que quer que seja sobre os números que medem os comprimentos das demonstrações formais. Mas ela contém também o suficiente de teoria dos conjuntos para que possamos tratar matematicamente a teoria objeto. Isso basta para que essa demonstração seja colocada sob suspeita. Para que ela fosse aceitável precisaríamos saber *antes* se a metateoria é ela própria consistente. Afinal, se essa metateoria for inconsistente, ela provará o que quer que seja, incluindo a consistência *e* a inconsistência da aritmética. Ora, como essa metateoria *contém* (propriamente, na verdade) a aritmética, caímos em um círculo vicioso onde de fato nada se prova.

Sempre que a aritmética estiver contida numa metateoria, qualquer demonstração da consistência da aritmética no contexto dessa metateoria será completamente inútil[19]. Seria como pedirmos a

---

19 Por isso o (segundo) teorema de Gödel, que demonstra que a aritmética formal não pode demonstrar sua própria consistência, não nos priva de nada de muito valor. Esse teorema frustra o programa de Hilbert, como veremos, apenas na medida em que implica que nenhuma teoria *mais fraca* que a aritmética pode demonstrar a consistência dela.

garantia de alguém sobre sua própria sanidade mental. Isso só teria algum valor se o avalista fosse ele próprio mentalmente são. Pedir a uma pessoa que nos garanta que ela não é louca é forçar a entrada em um círculo vicioso (e levantar suspeitas sobre a nossa própria sanidade mental). Afinal, apenas o barão de Munchausen (que não era mentalmente muito sóbrio) podia se puxar pelo próprio cabelo.

Assim, uma solução do problema posto por Hilbert só pode ser dada no contexto de uma metateoria estritamente mais fraca que a própria aritmética formal. Hilbert chamava tal contexto de *matemática finitária*. Não há, entretanto, suficiente concordância sobre que sistema formal expressaria essa matemática finitária. O próprio Hilbert nunca é jamais muito claro sobre quanto de matemática caberia nesse "finitária". Essa matemática deveria conter evidentemente *alguma* aritmética, mas não toda ela. Hilbert permite explicitamente enunciados aritméticos gerais de um tipo especial – enunciados sem quantificadores –, mas exclui os enunciados existenciais ilimitados. A razão disso é clara: a demonstração de um enunciado numérico no qual todas as variáveis ocorrem livres requer apenas a demonstração desse enunciado para um número genérico qualquer a respeito do qual nenhuma hipótese adicional é feita, não a demonstração do enunciado para *cada* número um a um, o que seria um procedimento infinitário. A demonstração de um enunciado numérico existencial ilimitado, contudo, requer uma busca infinitária. Certamente Hilbert admitiria na matemática finitária todos os axiomas de Dedekind-Peano, exceto o axioma de indução completa na sua forma mais geral. Entretanto, uma versão mais fraca desse axioma deveria ser permitida. Ademais, as definições recursivas que introduzem as operações aritméticas elementares deveriam também ser admissíveis. Em suma, parece seguro admitir que a teoria matemática formal que mais se aproxima da matemática finitária hilbertiana é a chamada aritmética primitivamente recursiva[20].

---

20 A identificação da matemática finitária com a aritmética primitivamente recursiva encontra-se em Tait (1981). Entretanto, alternativas foram sugeridas. Por volta de 1931, Gödel chega a identificar a matemática finitária ao intuicionismo de Brouwer, mas depois abandona essa ideia.

A aritmética primitivamente recursiva (APR) foi introduzida por Skolem em 1923 e tem as seguintes características: não são admitidas quantificações ilimitadas, apenas quantificadores limitados do tipo $\forall x \leq a$ e $\exists x \leq a$ comparecem na linguagem[21] (todas as variáveis de todas as fórmulas da linguagem ocorrem essencialmente livres), são permitidas definições por recursão primitiva para a introdução de novas funções e predicados (essas são definições do tipo, por exemplo, daquela que introduz a soma: $x + 0 = x$; $x +$ sucessor$(y) =$ sucessor$(x + y)$); admite-se o uso do princípio de indução nas demonstrações (evidentemente, como as fórmulas dessa teoria constituem um subconjunto próprio das fórmulas da aritmética, esse é um uso restrito do princípio de indução). Em seu famoso texto de 1934, Hilbert e Bernays dão bastante ênfase a essa teoria, o que nos leva a crer que consideravam a APR como parte da matemática finitária[22]. Isso responde à terceira questão apresentada antes.

O segundo problema de Hilbert pode, portanto, ser assim enunciado precisamente: demonstre na aritmética primitivamente recursiva a consistência da aritmética formal de Dedekind-Peano (P). Após a formalização dessa demonstração teríamos demonstrado o seguinte: APR $\vdash$ Con(P) (isto é, APRC demonstra Con(P)), onde Con(P) é uma sentença da linguagem da APR que expressa a consistência da teoria P.

Como vimos antes, tal demonstração de consistência seria suficiente para garantir, segundo Hilbert, a realidade matemática (ou seja, a possibilidade) dos conceitos da aritmética formal. Mas há mais em jogo aqui. Hilbert visava também um fim fundacional, a saber, o "lastreamento" do infinito no finito. Além da aritmética, a "orgia" infinitária da teoria dos conjuntos de Cantor, apesar de

---

21 Esses quantificadores são meras abreviações de conjunções e disjunções finitas.
22 Evidentemente, Hilbert admitia que a matemática finitária, por ser fundada na intuição, não requereria, ela própria, uma demonstração de consistência. O próprio Hilbert observou [Hilbert, 1934] que a consistência de APR segue diretamente do fato que seus teoremas são fórmulas verificáveis, isto é, têm todas as suas instâncias verdadeiras.

sua extrema fecundidade, aos olhos de Hilbert, clamava por uma fundamentação nos mesmos moldes[23]: uma demonstração finitária de consistência. Tal demonstração seria, além disso, uma resposta *matemática* aos pudores de matemáticos finitistas, como Brouwer ou Poincaré, que não admitiam, por razões diversas, a existência do infinito atual em matemática[24]. Para o matemático, acreditava Hilbert, não existia a opção de abrir mão de procedimentos infinitários. Restava então lhes assegurar a consistência por procedimentos estritamente finitários. Isso deveria calar aqueles que viam no infinito atual apenas uma fonte de contradições, como é o caso exemplarmente de Poincaré.

Uma demonstração finitária da consistência de uma teoria infinitária como a aritmética, ou a criação de Cantor, a teoria dos conjuntos, além de uma garantia de segurança (que afinal ninguém parece mesmo necessitar, uma vez que ninguém seriamente acredita que a aritmética possa *mesmo* ser inconsistente[25]), cumpriria também um papel fundacional. A segunda metade do século XIX havia visto a rigorosa redução da análise à aritmética (a aritmetização da análise) por obra de Dedekind, Weierstrass e Cantor em especial. Em particular, o apelo da análise aos infinitesimais deixou de ser necessário, e a noção de limite fora reduzida a relações de desigualdades entre

---

23 Afinal o próprio Cantor considerava seus números transfinitos como novos irracionais. Como esses, os números transfinitos aparecem como "limites" de sequências, divergentes neste caso (por exemplo, ω seria o limite da sequência 0, 1, 2, 3, ... assim como os números irracionais são limites de sequências de Cauchy de números racionais).

24 A demonstração finitária da consistência da aritmética (dita clássica por oposição à aritmética intuicionista) deveria constituir, aos olhos de Hilbert, uma resposta definitiva às críticas de Brouwer, uma vez que a matemática finitária obedecia a todas as restrições impostas por Brouwer às teorias matemáticas. Na verdade APR é uma teoria mais *fraca* que a aritmética intuicionista e, ironicamente, a aritmética intuicionista é, como veremos adiante, equiconsistente com a aritmética clássica.

25 Já com a teoria dos conjuntos de Cantor a situação é outra. O próprio Cantor já se dera conta de que sua teoria admitia certas "inconsistências", que ele "resolvia" pela distinção entre conjuntos propriamente ditos, que podem ser pensados como totalidades completas, e multiplicidades inconsistentes, que não são conjuntos.

números reais. Como realçaram Hilbert e Poincaré, o infinito em análise[26] tornara-se apenas uma *façon de parler*. Mas Cantor criara pela primeira vez uma teoria matemática na qual o infinito aparecia não como mero ilimitado ou uma simples possibilidade, mas como um conceito determinável[27]. Hilbert foi um dos maiores entusiastas da teoria cantoriana dos conjuntos (ele chamou-a de "paraíso"[28] e "suprema criação do gênio humano"[29]). Seria então natural que ele procurasse para a teoria dos conjuntos e para a própria aritmética dos reais, bases agora de toda a análise matemática, uma fundamentação se não idêntica, ao menos análoga àquela oferecida à análise. Uma demonstração finitária de consistência não eliminaria a menção ao infinito da teoria de Cantor, nem os procedimentos infinitários da aritmética (como, por exemplo, as demonstrações por indução completa irrestrita ou o apelo a conjuntos infinitos), mas ofereceria a essas teorias um *fundamento finitário*. Essa fundamentação limitaria à esfera finitária a demonstração da "realidade" (isto é, em termos hilbertianos, a possibilidade) de conceitos infinitários.

Assim, o segundo problema de Hilbert é essencialmente um programa de fundamentação da matemática. Nos anos seguintes,

---

26 Hilbert, na verdade, acreditava que a aritmetização havia eliminado da análise apenas o infinito *potencial* (infinitésimos e limites infinitos). Restava ainda o infinito *atual*, manifesto, por exemplo, nas próprias definições dos números irracionais como conjuntos atualmente infinitos de racionais. Cantor também menciona esse fato; segundo ele, não se pode coerentemente admitir as definições dos reais, por exemplo, por cortes de Dedekind e, simultaneamente, banir da matemática o infinito atualizado.

27 É claro, Cantor distinguia entre um infinito determinável, o transfinito, e um infinito absoluto e indeterminável. Na verdade essa distinção era-lhe útil no próprio contexto de sua teoria para separar os conjuntos propriamente ditos dos conjuntos inconsistentes, como a classe universal, e assim "resolver" as inconsistências da teoria.

28 "Ninguém há de nos expulsar do paraíso que Cantor nos criou." (Hilbert, 1925, p.191)

29 "[A teoria de Cantor] parece-me a flor mais admirável do intelecto matemático, e em geral um dos maiores feitos da atividade humana puramente racional." (Hilbert, 1925, p.188)

esse problema foi estendido a todo um programa de pesquisa, o chamado programa de Hilbert, que em poucas palavras propunha o seguinte: formalize as teorias matemáticas (ou, melhor ainda, *toda* a matemática), e demonstre por meios finitários que essas teorias (ou, melhor ainda, *toda* a matemática formalizada) são consistentes. Esse programa – epítome de um triunfante otimismo – e, em particular, os esforços para se resolver o segundo problema de Hilbert, experimentariam um duro revés em 1931 por obra e graça de um jovem de 25 anos, o matemático austríaco Kurt Gödel.

O Teorema de Gödel

Em 1930, numa emissão radiofônica em Königsberg (da qual se preserva ainda uma gravação), Hilbert manifestava de forma veemente seu otimismo racionalista. Ele dizia que em matemática não havia *ignorabimus*, que todo problema matemático bem posto admitiria uma solução. Evidentemente, ele incluiria na classe dos problemas solúveis os dois primeiros de sua já antiga lista de Paris, a hipótese do contínuo – que ele mesmo havia tentado demonstrar em 1925 (Hilbert, 1925) – e a consistência da aritmética formal. Assim, ou mostramos por meios finitários que a aritmética é consistente, ou mostramos que não é. Na pior das hipóteses, demonstraríamos que a matemática finitária não seria ainda adequada para tal fim, e a estenderíamos – claro, sem que essa extensão acabasse por abarcar a aritmética toda – até que se lograsse demonstrar o que se pedia. Porém Hilbert não estava preparado para o que Gödel trouxe à luz.

No mesmo ano que Hilbert professava, tão enfaticamente, sua fé na razão humana, Kurt Gödel apresentava para publicação seu histórico artigo "Sobre proposições formalmente indecidíveis do *Principia Mathematica* e sistemas relacionados I" (1931). Nele Gödel desferia dois golpes quase fatais no programa formalista de Hilbert. O primeiro: ele demonstrava que a aritmética formal, e por extensão a maior parte das teorias matemáticas interessantes, era *incompleta* (e, pior, incompletável)[30]. Isso respondia negativamente a uma questão proposta pelo próprio Hilbert no Congresso Internacional de Matemáticos de Bolonha, em 1928. O segundo: Gödel mostrava que a demonstração da consistência da aritmética formal era *impossível* por métodos que pudessem ser formalizados na própria aritmética formal. Logo, não pode haver uma demonstração de consistência da aritmética formal em APR[31].

Vejamos rapidamente como Gödel logrou demonstrar esse segundo fato[32]. Ele mostrou que tanto as fórmulas com uma única variável livre quanto as demonstrações da teoria poderiam ser efetivamente, isto é, mecanicamente listadas. Gödel constrói então uma proposição $P(x,y,z)$ cujo significado é "a demonstração de número x é uma demonstração da fórmula de número y para o valor z de sua variável livre"[33]. Como o cômputo da veracidade de $P(x,y,z)$ para dados x, y e z pode ser formalizado na teoria, tem-se que se $P(x,y,z)$ é verdadeira, então $P(x,y,z)$ é demonstrável na teoria. Vamos supor que a aritmética formal seja consistente. Seja u o número da fórmula $\forall x \neg P(x,y,y)$. Logo, $P(x,u,u)$ não pode ser verdadeira, pois se fosse $P(x,u,u)$ seria demonstrável. Portanto, existiria uma demonstração de número x da fórmula $\forall x \neg P(x,u,u)$. Mas então, por instanciação,

---

30   Gödel constrói uma asserção A que "diz" que ela própria não é demonstrável. Se essa asserção fosse falsa, seria demonstrável; logo, verdadeira (pois tudo que se pode demonstrar é verdadeiro). Logo, como se supõe que a teoria é consistente, ela é verdadeira, sendo, portanto, indemonstrável. Ou seja, há uma asserção aritmética (a "tradução" de A na aritmética via o processo inventado por Gödel em que asserções metateóricas são traduzidas mecanicamente em asserções aritméticas) verdadeira, mas não demonstrável na aritmética formal.
31   É interessante notar que as demonstrações de ambos os teoremas de Gödel são formalizáveis em APR.
32   Essa breve exposição do segundo teorema de Gödel encontra-se em Herbrand 1931, p.627
33   Gödel criou um método bastante engenhoso para se associar, de modo mecânico, números naturais às expressões e demonstrações da aritmética, de modo tal que enunciados meta-aritméticos (isto é, sobre a aritmética, no contexto da metateoria) eram "traduzíveis" em enunciados aritméticos. Desse modo, a aritmética podia "falar" de si própria. Por exemplo, o enunciado "a aritmética é consistente" é traduzido numa asserção sobre números naturais – um pouco artificial e elaborada, mas, ainda assim, uma legítima asserção aritmética.

haveria uma demonstração de $\neg P(x,u,u)$ e a teoria seria inconsistente, contra a hipótese.

Além disso, $\forall x \neg P(x,u,u)$ não é demonstrável na teoria, pois se a demonstração de número y fosse uma demonstração dela, $P(y,u,u)$ seria verdadeira, por definição; logo, seria demonstrável na teoria, o que geraria uma contradição. Formalizando esses argumentos temos o seguinte: $\text{Con}(P) \to \neg P(x,u,u)$, onde x é uma variável, é um teorema da teoria. Se a teoria demonstrasse $\text{Con}(P)$, **então** $\neg P(x,u,u)$ seria demonstrável e, por conseguinte, $\forall x \neg P(x,u,u)$ também seria demonstrável. Absurdo. Logo, P **não** demonstra $\text{Con}(P)$.

Segundo Constance Reid (1986, p.198), a reação de Hilbert aos teoremas de Gödel foi "um tanto irritada". Não é difícil imaginar por quê. Ao mostrar a irredutível incompletude da matemática formal, Gödel feria de morte a pretensão hilbertiana de formalizar *completamente* toda a matemática, ou pelo menos as partes mais interessantes dela. Ao mostrar que demonstrações de consistência de teorias formais interessantes da matemática exigiriam recursos não finitários, Gödel eliminava de vez as pretensões do programa formalista de Hilbert, ou assim parecia. Entretanto, o próprio Gödel observou que seus resultados não constituíam um golpe fatal no programa de Hilbert, pois seria concebível que houvesse procedimentos finitários que não fossem formalizáveis na aritmética formal. Seja como for, o programa de Hilbert certamente foi substancialmente enfraquecido pelos notáveis resultados de Gödel. Ele, entretanto, não morreu, como veremos a seguir, e o próprio Gödel contribuiu para uma versão modificada dele.

A equiconsistência das aritméticas formais clássica e intuicionista

Mesmo que o programa formalista de Hilbert não tivesse sido concebido apenas como uma tentativa de acalmar os pruridos finitistas dos membros da escola de Brouwer, evidentemente este era um de seus objetivos. Segundo os intuicionistas, o infinito atual não é admissível, apenas o infinito potencial tem algum direito de cidadania matemática. Ademais, algumas das usuais regras e leis lógicas, em particular o princípio do terceiro excluído – dentre uma proposição e sua negação, pelo menos uma é verdadeira –, não têm segundo eles validade garantida senão em contextos finitos. Claro que uma aritmética desenvolvida em obediência a essas restrições é mais fraca que a aritmética usual; de fato, a aritmética intuicionista é uma subteoria da aritmética clássica. Por isso, o resultado demonstrado por Gödel em 1933[34], como já estava se tornando habitual com os resultados de Gödel, foi tão surpreendente.

Desenvolvendo independentemente um argumento já apresentado por Kolmogoroff em 1925 (cujo artigo, escrito em russo, era desconhecido por Gödel), Gödel define uma *tradução* da aritmética clássica formalizada em primeira ordem (na versão de Herbrand) na aritmética intuicionista de Heyting, de tal modo que a cada teorema da aritmética clássica corresponde a sua tradução, como um teorema da aritmética intuicionista. A consequência desse fato é notável, se a aritmética intuicionista for consistente, então a aritmética clássica também o será, pois se uma contradição fosse derivável na aritmética clássica, sua tradução, que também seria uma contradição, seria derivável na aritmética intuicionista, contra a hipótese. Ou seja, se temos – como Brouwer certamente acreditava ter – o direito de não duvidar da consistência da aritmética intuicionista (afinal, como queria Brouwer, ela tem um fundamento na intuição), então não temos também o direito de duvidar da consistência da aritmética clássica.

Evidentemente, o próprio Brouwer não ficou muito impressionado com esse teorema, pois mesmo sendo a sua demonstração intuicionisticamente aceitável, o problema, para Brouwer, não está na consistência, mas na verdade. Mesmo que as aritméticas intuicionistas e clássica sejam equiconsistentes, ele acreditava que apenas a intuicionista é *verdadeira*. Isso contém de fato a resposta de Brouwer a todo o programa de Hilbert: nenhuma demonstração

---

34 O mesmo resultado foi demonstrado no mesmo ano por Gentzen, que submeteu seu artigo ao *Mathematische Annalen*, mas o retirou quando soube do aparecimento do artigo de Gödel.

da consistência da matemática clássica a fará verdadeira. Como já dissera Kant, a consistência mostra a possibilidade, não a realidade. A divergência entre Hilbert e Brouwer é de caráter filosófico e está centrada em diferentes concepções de existência e verdade, não há resultado matemático que a possa eliminar.

Esse resultado de Gödel, entretanto, mostra o caminho para o programa de Hilbert depois dos teoremas de incompletude, a busca de demonstrações relativas de consistência, em que a consistência de uma teoria formal segue como consequência da consistência de outra.

O programa de Hilbert: versão modificada

Segundo Paul Bernays, o resultado de Gödel citado mostra que o *finite Standpunkt* de Hilbert não é a única opção aos modos clássicos de raciocínio. Ele sugeria, então, que, em vez de uma restrição aos métodos finitários de raciocínio, requeiramos apenas que os argumentos sejam de caráter construtivo, permitindo-nos tratar com formas mais gerais de inferência. Para W. Sieg (1988), o resultado de Kolmogoroff-Gödel-Gentzen foi um fator crucial na relativização do programa de Hilbert, cujos objetivos agora passam a se estabelecer *por meios construtivos apropriados* (finitários, predicativos, intuicionistas etc.) a consistência *relativa* de teorias formais nas quais *partes* da matemática clássica possam ser desenvolvidas. Essa versão domesticada do programa de Hilbert não se preocupa em demonstrar a consistência da matemática como um todo; não se restringe exclusivamente às demonstrações finitárias; não se propõe a resolver os problemas fundacionais de uma vez por todas, mas contenta-se com uma análise localizada. O programa de Hilbert relativizado pode ser levado a cabo, em particular, desenvolvendo-se partes substanciais da análise clássica em teorias demonstravelmente mais fracas. Alguns exemplos: Weyl mostrou em *Das Kontinuum* de 1918, portanto anteriormente à própria formulação da versão forte do programa de Hilbert, que a teoria das funções reais contínuas pode ser desenvolvida em um subsistema *predicativo* da aritmética de segunda ordem *fraca*; Brouwer, por sua vez, desenvolveu uma teoria intuicionista do contínuo e estabeleceu versões intuicionistas de muitos teoremas clássicos.

O próprio Gödel, em 1958, propôs uma extensão do ponto de vista finitário por meio de funcionais recursivamente primitivos de tipo mais alto. Finalmente, e aqui nós encerramos nossa breve história do segundo problema de Hilbert, Gentzen demonstra a consistência da aritmética clássica de primeira ordem, permitindo indução transfinita até o ordinal ε_0 (igual ao primeiro ordinal infinito elevado a si próprio uma quantidade infinita enumerável de vezes; ε_0 é ainda um ordinal enumerável), aplicada apenas a predicados decidíveis e justificada em bases construtivas. E essa é a melhor resposta que se pode dar ao problema originalmente proposto por Hilbert.

Mas voltemos às questões filosóficas. O programa de Hilbert contemplava duas formas de matemática, a finitária e contentual – que é apenas uma teoria combinatória de símbolos e operações e relações entre símbolos –, e a matemática formal. Essa, para Hilbert, era o objeto por excelência das análises metamatemáticas, a serem conduzidas exclusivamente nos limites da matemática contentual; não que as teorias matemáticas formalizadas não tivessem conteúdo ou sentido determinado, mas poderiam ser assim consideradas para efeito de análises de caráter metateórico. Mas, independentemente dos objetivos do programa de Hilbert, seria possível (e esclarecedor) pensar as teorias matemáticas axiomatizadas em sistemas formais adequados como teorias *sobre* signos sem sentido? E se não, *do que* tratam as teorias axiomático-formais cujos axiomas não são necessariamente pensados como enunciados verdadeiros sobre determinados domínios de objetos, mas meras regras para o uso dos símbolos neles envolvidos (isto é, os axiomas da teoria não são vistos como enunciados sobre os referentes de alguns dos símbolos da linguagem em que são escritos, mas como regras operacionais para esses símbolos)? Que tipo de *conhecimento* nos dão as teorias puramente formais da matemática? Consideremos algumas respostas possíveis:

1. Os símbolos de uma teoria matemática puramente formal não denotam nada (ou seja, a rigor eles não são símbolos, mas meros sinais gráficos), e essa teoria nada mais é que o estudo desses símbolos, e operações e relações entre eles (caracterizadas pelos axiomas da teoria). Consideremos um exemplo típico. Usualmente os *numerais* "0","1", "2",... são entendidos como nomes de objetos matemáticos, os *números* 0, 1, 2, ... Quando escrevemos 2 + 3 = 5, entendemos que o que está sendo dito é que a soma (denotada pelo símbolo "+") dos *números* 2 e 3 (denotados pelos *numerais* "2" e "3") é idêntica ao *número* 5 (denotado por "5".) Tanto os números quanto as operações entre eles distinguem-se, supõe-se, dos símbolos que os denotam.

Consideremos, porém, a possibilidade de que a aritmética, axiomatizada pelos axiomas de Dedekind-Peano, estude apenas sequências de sinais da forma | | | | ... (que chamaremos de *sequências de barras*), operações e relações entre elas e as suas propriedades. Os numerais hindu-arábicos usuais podem ser entendidos como abreviações convenientes. "0" denotaria a sequência da barras vazia (isto é, nenhuma sequência), "1" a sequência |, "2" a sequência | |, e assim por diante. O símbolo +, simplesmente a concatenação de sequências de barras. A identidade 2 + 3 = 5 significaria apenas que | | concatenada – isto é, juntada – a | | | resulta na sequência | | | | |. Algo que nós simplesmente *vemos*. O fundamento da verdade da asserção 2 + 3 = 5 é, assim, a percepção sensível.

Quando escrevemos "n + 0 = n" estamos apenas afirmando a trivialidade que qualquer sequência de barras juntada a nada resulta nela própria. Quando dizemos que, em geral, n + m = m + n (isto é, que a adição aritmética é comutativa), queremos dizer apenas que a operação de concatenação de sequências de barras é indiferente à ordem em que é realizada, isto é, tanto faz juntar a sequência n a m, quanto m a n. E isso, supõe-se, é também uma verdade evidente. Se entendermos que um **número** é apenas uma sequência de barras, que o **sucessor** de um número é obtido acrescentando-se a ele mais uma barra, podemos talvez nos convencer de que todos os axiomas da aritmética são verdadeiros e que essa verdade se fundamenta numa forma de evidência ou intuição imediata.

Em suma, a aritmética é *rigorosamente verdadeira*; seus objetos, porém, não são objetos abstratos acessíveis apenas à razão, mas entidades *concretas* (as sequências de barras) ou, na pior das hipóteses, entidades abstratas com instâncias concretas (*tipos* de sequências de barras) acessíveis aos sentidos. Mas, há aqui um problema. Se considerarmos as barras como símbolos materiais, marcas de tinta sobre papel, quando escrevemos | | e, novamente, | |, temos a rigor *duas* distintas sequências de barras. Qual delas é o 2? A saída é dizer que 2 não é uma particular sequência de marcas sobre o papel, mas o *tipo* comum dessas sequências. As marcas | | e | | seriam duas *instâncias* do *mesmo* tipo idêntico, e é esse tipo que "2" denota. O problema é que *tipos* de sequências de barras são objetos tão abstratos quanto os números. Para definir o significado da identidade entre tipos de sequências precisamos da noção de *correspondência biunívoca* entre sequências; para definir *explicitamente* os tipos (pelo método de abstração) precisamos da noção de *coleção* de sequências de barras, e essas são também noções abstratas. Mesmo que entendamos que "2", por exemplo, denota ambiguamente uma sequência de barras qualquer de um *mesmo tipo*, precisamos dar um significado à expressão "sequências de mesmo tipo". Tudo indica que estamos de volta aos problemas ontológicos que essa teoria sobre a natureza das teorias matemáticas axiomatizadas parecia à primeira vista evitar. Mas há ainda a questão epistemológica: como a percepção de *instâncias* de um mesmo tipo pode contar como percepção dos tipos eles próprios?

Mesmo supondo-se que esse problemas sejam resolvidos a contento, e que possamos tratar a aritmética dos números naturais 0, 1, 2, ..., e talvez mesmo dos números inteiros e racionais, quase como uma teoria física, resta o problema de como lidar com os campos mais avançados da matemática, em particular, a aritmética dos números reais. Como não há sistema de notação que seja capaz de fornecer um símbolo para cada número real – pois há uma quantidade muito maior de números reais que expressões finitas de um simbolismo, mesmo que sejam admitidos nesse simbolismo tantos símbolos quantos números naturais –, não podemos simplesmente identificar os números reais a símbolos de um sistema de notação. Assim, desse ponto de vista, o que são os números reais? Não parece que esta particular leitura da natureza dos objetos matemáticos (a matemática trata de símbolos apenas) esteja em condições de responder a essa pergunta. Mas há outras ainda mais embaraçosas. Por que, afinal de contas, alguém em sã consciência quereria estudar as propriedades de sequências de barras? Que utilidade teria esse estudo? Nós sabemos quão importante é a aritmética nas ciências e na vida cotidiana, mas como explicar isso, se ela nada mais é que o estudo de sequências de barras? O problema da aplicabilidade da matemática é o calcanhar de aquiles dessa teoria.

Podemos tentar remediar a situação associando as sequências de barras e as operações entre elas de algum modo a outros tipos de objetos e a operações entre eles, de modo a fazer a teoria das sequências de barras descrever algo mais que sinais e, portanto, torná-la útil. Por exemplo, podemos associar || a qualquer coleção do tipo {a, b} e a concatenação de sequências à união de coleções disjuntas de objetos. Mas essas associações não são arbitrárias. || só pode ser associado a {a, b} porque existe uma relação de correspondência um-a-um entre as barras da sequência e os elementos da coleção. Assim, deve existir *algo* que tanto a sequência quanto a coleção que corresponde a ela têm em comum. É apenas em virtude dessa identidade formal que a teoria das sequências de barras pode ser aplicada. Mas não seria a *forma comum* de || e {a, b} simplesmente o *número abstrato* 2? Se não isso, o quê? Parece que a teoria das sequências de barras só pode ser aplicada se, afinal, essas sequências representam algo além delas, precisamente aquilo que elas compartilham com as coleções que lhe são equinúmeras. E é esse algo, e não uma mera representação dele, que interessa à aritmética.

Mas se as teorias axiomático-formais da matemática não podem ser vista como teorias *sobre* símbolos, talvez elas nada mais sejam que jogos *com* símbolos, pura manipulação simbólica.

2. As teorias matemáticas axiomatizadas no contexto de sistemas formais não tratam a rigor de nada; não têm nem um objeto determinado, nem lhes cabe uma noção de verdade; elas nada mais são que jogos cujas peças são os símbolos desses sistemas.

FILOSOFIAS DA MATEMÁTICA 213

Nessa perspectiva os objetos matemáticos, em particular os números, são apenas peças de um jogo jogado segundo regras explicitamente dadas. No jogo de xadrez, por exemplo, o peão, ou qualquer outra peça, não é um pedaço de marfim com uma aparência característica, mas *algo que se comporta nesse jogo de uma forma definida pelas regras do xadrez*. Eu posso usar uma pedra como um peão desde que eu a movimente como tal. De modo análogo, os "objetos" da aritmética, os números, não são *algo* determinado, mas "peças" no jogo formal da aritmética. Uma dada identidade, por exemplo, "2 + 3 = 5", seria apenas uma configuração permitida (ou um lance permitido) pelas regras do jogo da aritmética. Esse jogo é caracterizado pelas posições iniciais, dadas pelos axiomas da aritmética (não mais entendidos como expressões de verdade, mas apenas como configurações arbitrárias), e pelas suas regras (as regras de derivação lógica, entendidas não mais como regras de conservação da verdade, mas como condições de lances lícitos). A aritmética, como de resto toda a matemática formal, não seria, segundo esse ponto de vista, uma teoria verdadeira sobre objetos, mas um jogo formal sem objetos ou qualquer noção de verdade.

O problema é que isso tudo é tão contrário ao senso comum e à concepção da natureza da atividade dos matemáticos – que por certo não se veem como jogadores de um jogo laborioso e arbitrário – que certamente algum erro há que se descobrir nessa estranha concepção. Não precisamos procurar muito para encontrá-lo.

Novamente, por que afinal nós achamos esse jogo tão interessante? E como explicar a sua utilidade? Os jogos são quase sempre criados para nossa distração e prazer, servindo rigorosamente para nada mais além disso. Pode-se objetar que alguns jogos podem nos tornar mais sagazes, treinar nossas habilidades de concentração, de planejamento, ou outras quaisquer. O xadrez em particular é sempre citado como um exercício intelectual poderoso (se bem que consta que Einstein tenha dito que o xadrez exercita apenas nossa habilidade de jogar xadrez). Mas a aritmética não foi certamente criada com essa finalidade. Em primeiro lugar, como um jogo, ela goza de uma popularidade muito baixa (com pouquíssimas chances de se tornar um esporte olímpico, digamos). Além disso, as pessoas que efetivamente jogam esse jogo, os matemáticos, quase nunca o jogam segundo regras estritamente lógicas. Não foi certamente seguindo apenas as regras explícitas de um jogo lógico que se chegou à configuração "$\forall n \forall\, x, y, z\, (n > 2 \rightarrow x^n + y^n \neq z^n)$", com as variáveis restritas aos números naturais[35].

E novamente se coloca a questão da manifesta *utilidade* da matemática. Como explicá-la? O xadrez pode nos dar prazer, ou mesmo nos tornar mais inteligentes, mas não tem muita utilidade científica ou prática. Contrariamente, a matemática formal tem incontáveis aplicações. Como se explica isso? Como um simples jogo pode contribuir para nosso conhecimento do mundo? Novamente ficamos sem resposta para perguntas cruciais.

Ambas as possibilidades que apresentamos até aqui de se entender a natureza da matemática formal – ciência de símbolos ou meros jogos – derrapam no problema pragmático da aplicação da matemática, além de ficarem pouco à vontade no que diz respeito ao papel da matemática do esquema do conhecimento humano. Vejamos se outras perspectivas, razoavelmente mais sérias, podem dar conta desses problemas de modo mais satisfatório.

3. *A matemática formal é apenas o estudo das consequências lógicas de certas hipóteses ou definições arbitrárias dadas por sistemas de axiomas* (chamemos essa teoria de *dedutivismo*).

Uma outra pergunta que a teoria segundo a qual a matemática formal é apenas um jogo tem dificuldades em responder é a seguinte: por que o jogo matemático deve ser jogado segundo regras lógicas, por que não podemos escolher arbitrariamente as regras que nos permitem passar de uma configuração permitida a outra? Quem entende que a matemática formal é uma ciência dirá que as regras lógicas são precisamente aquelas que preservam a verdade. Mas se as asserções matemáticas não expressam verdades, então por que o preconceito em favor de regras estritamente *lógicas*?

---

35 Esse é o enunciado do famoso último teorema de Fermat, provado no final do século XX depois de séculos de tentativas infrutíferas.

O dedutivismo parece ter uma resposta para essa pergunta. Segundo ele, os axiomas de uma teoria matemática axiomatizada não expressam necessariamente proposições verdadeiras sobre um domínio matemático dado (ou mesmo uma família de domínios). Na verdade, esses axiomas expressariam ou simples *hipóteses* a respeito de domínios igualmente hipotéticos, ou definições implícitas de certos termos (ou noções) determinados apenas com respeito às relações que mantêm entre si. Essas definições seriam dadas pelos axiomas da teoria. As consequências lógicas dos axiomas explicitam tudo que está contido implicitamente nessas hipóteses ou definições.

Claro que poderíamos perguntar o que nos leva a levantar determinadas hipóteses e não outras, ou definir termos de um modo e não de outro. Como se justifica que o façamos como o fazemos? Não podemos dizer simplesmente "suponhamos que existam objetos de um certo tipo, os conjuntos, que satisfazem as propriedades dadas pelos axiomas de Zermelo-Fraenkel. Pois bem, estudemo-los". Isso é por demais gratuito. Por que postular tais entidades, por que estudá-las, por que se supõe que elas tenham essas e não outras propriedades?

Mas no que diz respeito ao problema pragmático, o dedutivismo parece mais à vontade que outros modos de entender as teorias matemáticas sem conteúdo determinado. A aplicabilidade de uma teoria matemática formal, desse ponto de vista, é perfeitamente explicável: se ocorrer encontrarmos um contexto, um domínio de entidades, que satisfaça os axiomas de uma teoria, então encontramos aquilo que a teoria a princípio só admitia como hipótese. O possível se manifesta como atual. Do ponto de vista dedutivista, a matemática é uma espécie de *preocupação*, em sentido literal. Desenvolvemos uma teoria antes que ela seja realmente uma teoria de algo. Mas, assim entendida, a matemática formal não é ainda uma forma de conhecimento. Afinal, pode ocorrer que *nunca* encontremos um domínio que seja descrito por uma particular teoria formal[36].

---

36 Podemos, porém, mostrar que, em alguns casos, se a teoria em questão for formalmente consistente (as deduções não levam a contradições), existe sempre um domínio que ela descreve. Há, porém, algo de artificial nesse domínio, construído a partir da teoria, expressamente para satisfazê-la.

Recoloquemos então a questão: em que sentido as teorias simbólico-formais da matemática conduzem ao *conhecimento* de algo? Consideremos a proposta seguinte.

4. *A matemática simbólica é o estudo quer de domínios de objetos realmente existentes, quer de domínios objetivos simplesmente possíveis, mas apenas com respeito à sua forma. À matemática simbólico-formal cabe estudar as estruturas formais segundo as quais domínios quaisquer de objetos podem se apresentar a nós.*

Em outras palavras, uma teoria matemática axiomatizada não interpretada, na medida em que não descreve apenas *um* domínio de objetos, mas todos os que satisfazem os seus axiomas, é a teoria de uma *forma lógica*, precisamente aquela que todos os seus modelos compartilham, é *esse* o seu objeto. Essas formas "informam" (isto é, dão forma) a todos os domínios que suas teorias podem em princípio descrever mediante interpretações convenientes. Assim, nessa acepção, a matemática simbólico-formal é uma ciência de formas, em sentido próprio uma *ciência formal*, o que lhe devolve relevância epistemológica. Assim entendida, ela é uma forma de conhecimento, conhecimento de formas lógicas ou *conhecimento formal*. Ademais, na medida em que as formas que ela estuda são formas *objetivas*, isto é, formas de domínios de objetos, a matemática formal pode ser vista como uma *ontologia formal*.

Esse, aproximadamente, é o ponto de vista de Edmund Husserl (1859-1938)[37]. Para ele, o matemático é completamente livre para inventar teorias puramente formais, e assim criar formas lógicas. Ou seja, às teorias simbólicas cabe estudar domínios possíveis de objetos com respeito à sua forma lógica (ou formas de domínios objetivos), e as inter-relações entre eles, desde que, claro, essas teorias sejam consistentes – ficando a *natureza* dos objetos desses domínios completamente indeterminada. Husserl chamava esses domínios apenas formalmente

---

37 Para Husserl apenas as teorias puramente formais e as teorias interpretadas cujas noções centrais (número para a aritmética, conjunto para a teoria de conjuntos) tivessem escopo ilimitado – todos os objetos concebíveis – pertenciam à ontologia formal. As outras, como mecânica (conceito central: força), geometria (conceito central: espaço), constituíam ontologias regionais *a priori*.

determinados de domínios formais. Domínios formais são *formas* de domínios *possíveis*, desde que, enfatizando, a teoria formal em questão seja consistente. Caso contrário, a teoria é uma tentativa fracassada de definir um domínio formal.

O que nos leva, porém, a definir tais domínios de uma maneira e não de outra? A despeito de sua liberdade, os matemáticos produzem suas definições formais inspirados em geral por teorias interpretadas já existentes. Por exemplo, por abstração formal a partir do domínio dos números, como usualmente os entendemos, obtemos o domínio formal dos **números**; inspirados pelo estudo das simetrias nós criamos a teoria formal dos grupos; a teoria dos números racionais, reais e complexos nos sugere a teoria formal dos corpos; e assim por diante. Husserl, entretanto, não joga essas teorias pré-formais para debaixo do tapete, como embaraçosos esboços indignos de serem chamados de matemática (pois, se assim fosse, a matemática até o século XX seria apenas a pré-história da matemática). A matemática inclui tanto teorias interpretadas quanto teorias puramente formais.

Em vez de reduzir a matemática à matemática formal, Husserl procura entender o papel da matemática formal no contexto da matemática como um todo (e também no esquema geral do conhecimento humano). Segundo ele, ela nada mais é que o estudo de domínios *possíveis* de objetos com respeito à sua *forma* (e por isso se constitui num capítulo da *ontologia formal*). Essa ontologia, diferentemente das ontologias regionais, cujos objetos pertencem a subcategorias determinadas, como a categoria dos objetos espaciais, por exemplo (cujas formas interessam à geometria, o que a torna uma ontologia regional específica), tem por tema o *objeto como tal*, considerado, porém, apenas quanto às suas possíveis formas lógicas.

O chamado grupo Bourbaki, um grupo de matemáticos franceses que se propôs a tarefa de rescrever a matemática, parece muito influenciado por esses pontos de vista (embora não o admita). Para Bourbaki, a matemática é simplesmente o estudo de estruturas matemáticas, entendidas como estruturas formais determinadas por teorias não interpretadas, e das relações entre elas. Husserl, antes de Bourbaki, também considerou o estudo das inter-relações entre formas lógicas a tarefa mais elevada da lógica formal. No entanto, Husserl também inclui o estudo de algumas teorias interpretadas na lógica formal, se essas teorias têm por tema formas universais. Esse, como vimos, é o caso da aritmética (a forma do número tem aplicação universal, pois quaisquer coleções de objetos podem ser contadas) e da teoria de conjuntos (a forma conjunto também tem aplicação universal, pois quaisquer objetos podem ser coletados).

Husserl e Hilbert foram colegas em Göttingen (a partir de 1901), além de amigos pessoais. Evidentemente houve influência recíproca entre eles no período da criação do programa de Hilbert. É difícil avaliar a extensão e direção dessas influências, mas o fato é que os pontos de vista de Husserl parecem talhados com o propósito de tornar a matemática puramente simbólica e formal uma forma de conhecimento, e o projeto formalista de Hilbert uma aceitável teoria da natureza da matemática, mais que um projeto lógico-fundacional.

Isso conclui nossas digressões sobre o formalismo e suas variantes. Como vimos, para Hilbert, ele nada mais é que um estratagema com fins fundacionais. A matemática tradicional era desprovida de significado apenas para efeitos de estudos metamatemáticos, cuja finalidade era demonstrar a consistência da matemática usualmente praticada ou partes dela. Mas a consistência de uma teoria não lhe garante nem conteúdo nem verdade. Assim, nem o problema ontológico nem o epistemológico são efetivamente resolvidos pela metamatemática hilbertiana. O formalismo *como uma filosofia da matemática* leva a estratégia de Hilbert um passo adiante e assume seriamente que a matemática (entendida como uma coleção de teorias formais) não tem efetivamente nem conteúdo nem verdade. Vimos que as várias formulações dessa tentativa enfrentam sérios problemas, não menos espinhosos que os problemas originais que tentam eliminar. Com exceção, parece-me, do formalismo husserliano. Esse devolve à matemática simbólica um objeto – as formas lógicas – e uma noção própria de verdade. Nessa perspectiva a matemática simbólico-formal é a livre criação de formas lógicas, condicionada apenas pela consistência – e talvez inspirada pela matemática contentual usual –, cujas verdades expressam as consequências lógicas necessárias (e *a priori*) das propriedades que o criador atribuiu por definição às formas criadas.

Epílogo

Qualquer teoria do conhecimento deve enfrentar talvez o mais sério problema levantado pelo conhecimento matemático: como é possível que uma ciência *a priori* seja relevante para o conhecimento da realidade empírica? Pois ser independente da experiência, mas aplicar-se a ela, parece ser a característica mais fundamental da matemática[1]. Aparentemente, ela é criada sem nenhum apelo essencial à experiência, mas contra toda expectativa razoável, a natureza só parece disposta a revelar seus segredos em forma matemática. Como se explica isso?

Além da aprioricidade, são características do conhecimento matemático – ao menos à primeira vista – a necessidade e a universalidade. A verdade matemática não é – ou assim parece – meramente contingente, mas necessária; 2 + 2 só *pode* ser 4. Além disso, como quaisquer objetos podem ser contados, nada escapa ao número, a aritmética é universalmente aplicável.

---

1   O fato de que talvez a maior parte da matemática que se faz ou se fez não tenha nenhuma relevância prática (até o momento) não torna o conhecimento matemático um problema menos premente. Afinal, *alguma* matemática tem aplicação prática e, ademais, as questões sobre o objeto de conhecimento da matemática (a ontologia da matemática), e como é possível conhecê-lo (a epistemologia da matemática), permanecem.

Essas características, ausentes das ciências empíricas, clamam por explicação e avaliação, e disso se ocupa a filosofia da matemática. Muitas respostas foram dadas a essas questões, e nós aqui expusemos e comentamos algumas. Muitas outras são concebíveis, o que garante a perenidade da filosofia da matemática. Entretanto, apenas algumas poucas estratégias de resposta são logicamente possíveis. Pode-se, por exemplo, simplesmente negar que a matemática seja uma forma de conhecimento, quer *a priori*, quer *a posteriori*. Como vimos, algumas variantes do formalismo seguem nessa direção, mas todas fracassam na tarefa de dar conta do *fato* da relevância da matemática para a ciência e a vida cotidiana. Parece certo que *algo* é conhecido por meio da matemática; o que é isso, e como podemos conhecê-lo? Ademais, por que esse conhecimento é indispensável para a organização da nossa experiência?

Admitamos, então, que a matemática seja, de fato, uma forma de conhecimento. Podemos, entretanto, negar que seja um conhecimento (completamente) *a priori*, e afirmar que, como o conhecimento empírico das ciências da natureza, o conhecimento matemático depende (pelo menos em parte) dos sentidos. A vantagem óbvia desse ponto de vista é que ele dissipa o mistério da aplicação empírica da matemática. Aristóteles e os empiristas são exemplos dessa estratégia. Como vimos, para Aristóteles, o conhecimento matemático é apenas o conhecimento de certos *aspectos* dos objetos empíricos. Não há, segundo ele, objetos propriamente matemáticos, no sentido de objetos *exclusivos* do discurso matemático, mas apenas objetos empíricos considerados *como* objetos matemáticos (a bola como esfera, o grupo de objetos como quantidade, portanto como número, e assim por diante).

Resta, porém, um problema particularmente delicado para os empiristas: como dar conta do caráter necessário (ou aparentemente necessário) do conhecimento matemático? Nenhum conhecimento fundado na experiência sensível pode-se pretender necessário, o mundo poderia ser diferente do que é, e não há contradição em pensá-lo diferentemente. Afinal, a água pura *poderia* não ferver a 100ºC no nível do mar, mas 2 + 2 *não pode* não ser 4. Aristóteles e outros empiristas parecem acreditar que, mesmo referindo-se apenas a certos aspectos dos objetos empíricos, a matemática ainda assim é imune à confirmação ou negação pela experiência empírica. Para eles, a matemática necessita dos sentidos para prover-se dos seus objetos, mas dispensa o testemunho dos sentidos para falar deles. Assim, a matemática é ainda uma ciência *a priori*, mas sobre objetos empíricos. Segundo Hume, a matemática ocupa-se de *relações de ideias*, por oposição a *situações de fato*. Nada impede que essas relações de ideias envolvam apenas aspectos dos objetos empíricos. Há, por exemplo, uma relação necessária entre os ângulos de um objeto triangular considerado *como um triângulo matemático*. São relações desse tipo que a matemática estuda, acreditam esses empiristas. Mas como explicar a necessidade matemática?

John Stuart Mill (1806-1873), um dos mais importantes empiristas ingleses, não acreditava que se precisasse explicar nada, pelo simples fato de que, para ele, os enunciados matemáticos só *pareciam* necessários, mas não o eram realmente. Segundo Mill, a matemática é uma ciência empírica como as outras; a única diferença entre ela e a física ou a biologia, por exemplo, é que os enunciados matemáticos têm uma base de evidência empírica muito maior. Para ele, "2 + 2 = 4" é um enunciado tão falsificável em princípio quanto "a água pura ferve no nível do mar a 100°C", só que sustentado por uma massa maior de evidências. Por isso nós o *cremos* necessariamente verdadeiro, mas isso, afirma Mill, é uma ilusão.

Outros empiristas, como Quine, admitem a existência de objetos matemáticos propriamente ditos, como triângulos, números ou conjuntos, mas apenas porque nossa ciência não faria sentido sem eles; ou, dito de outra forma, apenas porque precisamos deles. Os objetos matemáticos justificam-se na medida em que são indispensáveis para a nossa melhor teoria do mundo. Desvanece assim a necessidade matemática, na exata medida da revisibilidade de nossas teorias científicas. Se nós preferimos preservar a matemática, e mesmo a lógica, e revisar as teorias científicas, é porque assim é mais simples, pensa Quine, mas nada nos obriga a proceder desse modo. Essa vertente do empirismo, como é fácil de ver, tem uma forte componente pragmática: os objetos matemáticos existem na medida em que são úteis; a verdade matemática pode ser revista em razão de conveniências práticas ou teóricas.

A estratégia empirista aristotélica envolve a ideia de considerar algo sob um de seus aspectos, desprezando outros. Isso requer clarificação. Chamamos de *abstração* a operação de isolar um aspecto de um objeto e concentrar nossa atenção nele. Mas em que precisamente consiste esse isolar, esse focar da atenção? Claro que não num processo real de separação, mesmo porque há aspectos de um objeto que não podem existir separadamente dele, como sua cor. Em que então?

Podemos, creem alguns, isolar em *pensamento* um aspecto de um objeto que nos interesse; isto é, isolar na representação de um objeto a componente dessa representação que corresponde ao aspecto no qual estamos interessados. Essa componente é o representante mental do aspecto em questão. A abstração funcionaria assim como uma espécie de "solvente" mental, que isolaria apenas aquilo que nos interessa em nossas representações. Por exemplo, tomemos qualquer representação de dois objetos, isolemos aí apenas a quantidade, "abstraindo" a natureza desses objetos na representação e a ordem em que esses objetos são representados. O que "sobra" é uma representação do número dois.

Essa é a forma característica dos psicologistas em filosofia da matemática de conceber a abstração. Para eles, a matemática trata de objetos mentais abstratos desse tipo. Seu bordão é "objetos matemáticos são ideias (no sentido de objetos mentais)". Os psicologistas podem ser vistos como uma vertente do empirismo, uma vez que objetos mentais são ainda objetos do mundo empírico. Para eles, a matemática é um capítulo da psicologia, nada além da ciência de um tipo particular de objetos mentais, precisamente os que representam aspectos abstratos dos objetos. Frege e, ainda mais profundamente Husserl, foram críticos ferozes e implacáveis dessa concepção de abstração, e da filosofia psicologista que em geral a acompanha.

Há, porém, modos alternativos de se conceber a operação de abstração. Por exemplo, como uma operação lógica, em vez de mental. Essa talvez seja a que mais se aproxime da concepção aristotélica.

Por exemplo, tratar uma bola como uma esfera é simplesmente tratá-la exclusivamente segundo propriedades que valem, ou não, *apenas* em razão de sua esfericidade. Nessa perspectiva, a abstração não incide nem sobre os objetos empíricos eles próprios, o que seria absurdo, nem sobre suas representações mentais, como querem os psicologistas, ela consiste apenas num *modo de falar* deles.

Há ainda uma outra opção. Tomar a abstração apenas como uma maneira de *caracterizar* objetos de determinado tipo. Nós a chamamos, às vezes, de abstração matemática. O aspecto que nos interessa em um objeto empírico apresenta-se, por seu intermédio, como um objeto de uma outra natureza, um objeto abstrato existindo com seu sentido próprio de existência par a par com os objetos empíricos, independentemente de um sujeito que o constitua como um objeto mental. É assim que Frege e o Husserl das *Investigações lógicas* entendem o processo abstrativo. Alternativamente, podemos também considerar a abstração como uma maneira de *criar* novos objetos (abstração propriamente criativa), que passam a existir por meio dela. Evidentemente, nenhuma dessas maneiras de entender o processo abstrativo é aceitável ao filósofo que não reconhece a existência de objetos matemáticos propriamente ditos, como é o caso dos empiristas tradicionais. Para eles resta, aparentemente, apenas a saída de considerar a abstração como um procedimento lógico incidindo sobre objetos empíricos.

Em suma, se quisermos ver a matemática como um conhecimento empírico de um tipo especial, precisamos entender o processo pelo qual ela "isola" no mundo empírico os seus objetos, mesmo que esses sejam apenas aspectos dos objetos empíricos. Isso não significa que a noção de abstração seja exclusivo patrimônio dos empiristas. Filósofos realistas, como Frege e o próprio Husserl em um período de seu desenvolvimento filosófico, lançaram mão da noção de abstração como um modo de *apresentação* de objetos independentemente existentes de um tipo radicalmente diferente dos objetos empíricos, objetos que constituem, segundo eles, o domínio próprio da matemática. Mesmo filósofos de orientação construtivista podem ver utilidade na noção de abstração, como uma forma de criação, não apenas apresentação, de objetos matemáticos. O fato é que a matemática é comumente vista como uma ciência de objetos abstratos, mesmo pelos empiristas. E há muitas maneiras de se entender isso.

Agora, quais estratégias são possíveis àquele filósofo que acredita que a matemática é, de fato, uma ciência *a priori*, apesar de aplicável à realidade? Contrariamente a alguns formalistas, ou empiristas, esses filósofos enfrentam a grande questão filosófica sobre a matemática em toda sua força e estranheza. Para esse filósofo há objetos matemáticos propriamente ditos, não apenas modos matemáticos de tratar objetos empíricos. A matemática ocupa-se deles sem precisar do testemunho dos sentidos; e, ademais, há alguma relação entre os domínios da matemática e o mundo real acessível aos sentidos que fundamenta a aplicabilidade da matemática a este mundo. Muitas são as formas de articular uma filosofia desse tipo.

A de Platão é, evidentemente, uma delas, e a pioneira. Como vimos, para ele, existe um mundo matemático paralelo ao mundo sensível, mas radicalmente distinto deste, ao qual temos acesso exclusivamente pela razão. O mundo real instancia imperfeitamente o mundo ideal da matemática, e por isso a matemática aplica-se, ainda que imperfeita e aproximativamente, a ele. Frege tinha ideias semelhantes, mas não idênticas, com relação à aritmética (já sua teoria da geometria, como vimos, é essencialmente kantiana). Segundo ele, os números são objetos ideais de tipo platônico, mas de uma categoria especial: números são objetos lógicos. Isso quer dizer em particular que tudo que há para se conhecer sobre eles pode ser conhecido exclusivamente pela lógica. Ou seja, como Platão, Frege admite que o acesso ao universo dos números se dá apenas pela razão, mas é mais claro que Platão nesse ponto: a razão se expressa toda numa lógica bem determinada.

Os psicologistas, por sua vez, confinam o mundo matemático à mente. Isso garante sua acessibilidade sem o préstimo dos sentidos; a abstração e a introspecção bastam. Segundo eles, ao matemático compete estudar, na interioridade da sua mente, as relações entre representações abstratas. Como o mundo só nos é acessível por intermédio de representações, só podemos inspecioná-lo, consequentemente, no interior da mente. É aí que as representações matemáticas "descolam-se" de seu suporte material e revelam sua verdade. Ao "colar-se" novamente a seu suporte, tornam possível pensar as representações mundanas segundo relações matemáticas. Isso, eles creem, explica a aplicabilidade da matemática aos dados dos sentidos.

Kant introduziu uma estratégia totalmente nova em filosofia da matemática (que podemos chamar de *virada transcendental*). Ao contrário dos empiristas, que acreditam que nossos dispositivos cognitivos são vazios de qualquer conteúdo próprio, sendo meras disposições de afecção, Kant crê que ele é um sistema com conteúdos seus. Para o empirista, os sentidos e o entendimento só nos dão o que está fora deles. Para Kant, os sentidos impõem uma forma determinada e irrecusável aos seus dados, a espacialidade e a temporalidade; enquanto o entendimento, por sua vez, está munido de uma série de conceitos (ou categorias) sem os quais não é capaz de organizar os dados sensoriais; por exemplo, as categorias da causalidade, quantidade, necessidade, etc. Relações matemáticas são, para Kant, impostas aos dados sensíveis exclusivamente em razão da estrutura formal da nossa sensibilidade e do nosso entendimento. A geometria descreve a forma necessária com que se devem acomodar no molde espacial os dados sensíveis; a aritmética, as relações quantitativas que se impõem aos objetos da sensibilidade sujeitos à categoria da quantidade e seu esquema, o número.

Apesar das diferenças, há algo comum a Kant e aos psicologistas, a saber, ambos confinam a matemática à interioridade da consciência. Entretanto, ao considerar a mente – que é um domínio do mundo empírico – como o *loco* específico da matemática o psicologismo esvazia a matemática de sua aparente necessidade. Para Kant, entretanto, o fato de que a matemática tem a ver com o molde *necessário* que impomos às nossas representações explica o caráter necessário do conhecimento matemático que tanto nos surpreende. A estratégia kantiana, temperada com pitadas de psicologismo, reaparece em Brouwer. Para ele, a matemática é a crônica das vivências mentais de caráter matemático de um matemático ideal. Ao relegar a matemática à mente, Brouwer é um psicologista, mas ao escolher a mente privilegiada de um matemático *ideal*, que é um matemático real levado *ao limite*, Brouwer tempera seu psicologismo com pitadas da estratégia transcendental kantiana.

O problema com o kantismo, ou o intuicionismo de Brouwer, é que a matemática não cabe toda na estrutura formal da sensibilidade e do entendimento, nem nas vivências mentais de um matemático, ainda que ideal. Por isso, tanto um quanto outro precisaram abrir mão de uma quantidade considerável de conhecimento matemático, que simplesmente não cabe nesse esquema explicativo.

Mas há uma estratégia que pode dar conta do caráter *a priori*, necessário e universal do conhecimento matemático, sem as limitações da explicação kantiana. Chamemo-la a *virada linguística*. Segundo Kant, as verdades matemáticas descrevem a estrutura formal *a priori* dos moldes que impomos às nossas representações. A matemática é *condição* da experiência, atual ou possível, não fruto dela; por isso ela é simultaneamente *a priori* e aplicável aos dados dos sentidos, além de necessária e universal. Mas a estrutura formal da sensibilidade e do entendimento não é o único *a priori* que impomos à experiência, há um outro. Qualquer enunciado, empírico ou não, é expresso em uma *linguagem*; assim, é de esperar que qualquer condição para o *uso* da linguagem imponha-se também necessariamente ao mundo descrito por essa linguagem. Por exemplo, a asserção "o metro *standard* depositado em Paris mede um metro" não é uma asserção sobre o mundo, mas simplesmente a definição do termo "metro" e, consequentemente, o estabelecimento das condições de uso adequado desse termo. Nós em geral acreditamos, talvez contra melhor juízo, que os termos que usamos têm significados bem determinados, portanto é possível que os enunciados *a priori* em geral, entre eles os enunciados matemáticos, nada mais sejam que explicitações desses significados. A veracidade, *a priori* e necessária, de "2 + 2 = 4", pode decorrer, como no exemplo acima, apenas daquilo que "2", "+", "=" e "4" *significam*.

Podemos entender que os axiomas da geometria ou qualquer outra teoria matemática apenas *explicitam* (ou *fixam*) o significado dos termos primitivos da teoria. Daí em diante a lógica entre em jogo derivando tudo o que vale necessariamente para esses termos, *dados esses significados*. Frege não está longe dessa posição, só que para ele o significado dos termos aritméticos pode ser dado em termos do significado de termos puramente lógicos. Mas, mesmo que não concordemos com Frege, podemos ainda adotar a posição semilogicista, segundo a qual a matemática apenas deriva as consequências lógicas de determinadas estipulações de significado. Os enunciados matemáticos podem ser vistos como regras para o uso correto, do ponto de vista semântico, de certos termos da linguagem; em suma, uma espécie de gramática. Fica fácil agora entender por que a matemática tem efetivamente as características de aprioricidade, necessidade, universalidade e aplicabilidade que parece ter. Um dos filósofos que adotaram essa estratégia foi Rudolf Carnap (1891-1970), um dos membros do chamado círculo de Viena e líder do empirismo lógico (sendo Quine, que não acreditava que significados fossem entidades bem determinadas, o seu crítico mais importante).

Segundo o ponto de vista realista, os teoremas de teorias matemáticas descrevem fatos em domínios de objetos ideais existindo *per se*. O problema é explicar que tipo de existência é essa, onde exatamente esses objetos "residem", como podemos conhecê-los e o que eles têm a ver com o nosso mundo. A estratégia linguística é uma estratégia nominalista, ela faz esses objetos desaparecerem, deixando apenas os termos de uma linguagem, cujos significados conhecemos como usuários proficientes dela. E, como é por intermédio dessa linguagem que descrevemos o mundo, a matemática aplica-se à experiência apenas porque fixa e explica o significado de termos que usamos para falar do mundo.

O chamado *convencionalismo*, que tem em Poincaré um de seus defensores mais ilustres, pode ser visto como uma variante dessa posição. Podemos entender que os axiomas de uma teoria matemática, em vez de explicitarem significados bem determinados, apenas introduzem certos termos com o sentido, meramente convencional, que esses axiomas lhes dão. Assim entendida, essa teoria é uma espécie de ferramenta à espera de uso, que depende da conveniência de descrevermos um dado contexto na linguagem que ela nos oferece. Em outras palavras, segundo os convencionalistas, a matemática cria linguagens à espera de uso segundo a necessidade (creio que os que dizem que a matemática é "apenas" uma linguagem devem ter algo assim em mente).

Segundo Poincaré, a geometria euclidiana (mas não a aritmética, que ele via em termos mais ou menos kantianos) não é nem verdadeira nem falsa, apenas uma linguagem adequada a este ou aquele contexto. Ela é boa para descrever nossa experiência com corpos rígidos móveis, mas inadequada como veículo de uma teoria não newtoniana da gravitação. Mas se isso é aceitável no caso da geometria, é pouco palatável para a matemática em geral, a aritmética em particular. Essa não parece ser só uma linguagem que usamos ao sabor das conveniências, ela parece *impor-se* a nós e não admitir alternativas – afinal, nunca se ouviu falar de uma aritmética não euclidiana. Isso parece marcar um limite intransponível ao convencionalismo.

O *formalismo* não está tão distante do convencionalismo. Enquanto para este a matemática essencialmente cria linguagens, para aquele ela é apenas o estudo de sistemas simbólico-formais. Mas o que são sistemas desse tipo senão teorias não interpretadas dispostas a aceitar diferentes interpretações de acordo com as conveniências? Ou ainda, formas lógicas à espera de preenchimento (que não são senão modos de lhes atribuir um significado material, além daquele puramente formal que os axiomas lhes dão) que possibilitem sua utilização? Os convencionalistas, entretanto, jamais levantaram o problema relativo à consistência de suas "convenções", problema que é crucial para os formalistas. Vimos como Hilbert tentou resolvê-lo mediante uma análise metamatemática, levada a cabo numa matemática finitária, e como os teoremas de Gödel mostraram a impossibilidade de todo o projeto. Mas o projeto hilbertiano ligava-se a uma questão mais antiga – a dos elementos imaginários em matemática –, que convém relembrar.

Considere a seguinte afirmação verdadeira sobre números naturais: se n+k = m+k, então n = m. Como demonstrá-la? Uma possibilidade é pelo uso de um dos axiomas de Dedekind-Peano, o axioma de indução completa: se uma propriedade vale para 0 e para o sucessor de todo número natural para o qual valha, então essa propriedade vale para todo número natural. Evidentemente a asserção acima vale para 0, e se vale para um número k arbitrário, então vale para seu sucessor k+1 (para ver isso basta verificar que a propriedade vale para 1 – que nada mais é que um outro axioma de Dedekind-Peano – e aplicar a lei associativa). Podemos, no entanto, demonstrar essa afirmação de outro modo: somemos a ambos os lados da identidade n+k = m+k o número (-k) (o número que somado com k resulta em 0), isto dá (n+k) + (-k) = (m+k) + (-k). Daí, n+(k+(-k)) = m+(k+(-k)) e, portanto, n = m. Como se vê, essa última demonstração é mais direta que a anterior.

Mas há um problema, números negativos não são números naturais. Então, o que nos permite usá-los como se o fossem, somando-os com números naturais propriamente ditos? Essa questão parece ter uma resposta simples: junte os números negativos aos naturais, estenda para eles as operações com números naturais, e tudo estará bem. Mas o que *significa* operar com números negativos? Certamente não o mesmo que operar com números naturais. O que então? A resposta formalista é a seguinte: esqueça o significado dos números naturais e das operações entre eles, considere-os apenas como símbolos sem significado num sistema formal **N**. Agora nada nos impede de juntar-lhes os símbolos para números negativos e determinar as propriedades formais das operações entre esses símbolos por axiomas formais explícitos em um sistema **N'** (que contém **N**).

Mas o que nos garante que as asserções envolvendo símbolos para números naturais *apenas* (asserções de **N**), demonstradas com o auxílio de símbolos para negativos (isto é, em **N'**) (como citado), valem realmente quando esses símbolos para números naturais forem realmente interpretados por números naturais? O que nos garante que o sistema formal envolvendo símbolos para números naturais e negativos (**N'**) não demonstrará uma asserção falsa quando os símbolos para números naturais forem interpretados, de fato, por números naturais? Ou seja, o que nos garante que simplesmente juntar números negativos aos números naturais não nos levará a absurdos?

É aqui que entra a demonstração de consistência. Se pudermos mostrar que o sistema formal com símbolos para naturais e negativos (**N'**) é consistente, então ele não demonstrará nunca uma asserção envolvendo apenas símbolos para naturais cuja negação é um teorema de **N**. Husserl não ficou satisfeito com essa saída. Pois, dizia ele, o que me garante que uma asserção sobre números naturais, demonstrada com o auxílio de números negativos, mesmo que não absurda, seja *verdadeira*? Por isso, ele exigiu mais que a mera consistência das teorias incorporando elementos imaginários, ele quis também que a teoria a ser estendida fosse *completa*[2]. Assim, uma asserção sobre números naturais demonstrada em **N'** é já demonstrável em **N**, *que não contém símbolos para negativos*. Os símbolos para números negativos devem, para Husserl, a rigor, ser desnecessários para se mostrar qualquer asserção que só envolva símbolos para naturais. Em outras palavras, podemos juntar números negativos aos números naturais, e somá-los como se esses fossem naturais, quando: (1) esse procedimento não levar a contradições e, (2) a aritmética dos números naturais puder, em princípio, demonstrar qualquer asserção verdadeira sobre esses números. Ou seja, quando os números negativos, apesar de facilitar demonstrações, forem dispensáveis, isto é, simples ficções úteis.

---

2   Bastaria, porém, a conservatividade de **N'** com relação a **N** (dizemos que uma teoria T´, que estende outra teoria T, é *conservativa* com relação a T se toda asserção expressa na linguagem de T, demonstrável em T´, é já demonstrável em T). No entanto, para Husserl, a completude de **N** responde a um requisito de natureza *epistemológica*: uma teoria não deve delegar a outra a tarefa de resolver qualquer problema da sua alçada (ou seja, ela deve aspirar à completude).

Como vimos, os dois teoremas de Gödel destroem a possibilidade de se garantir qualquer um desses dois requisitos.

O problema dos imaginários, e a solução que Hilbert lhe dá, está na raiz do projeto hilbertiano. Hilbert tentou justificar a matemática infinitária exatamente como justificava à introdução de elementos ideais ou imaginários em matemática; se se pudesse demonstrar por meios finitários a consistência da matemática simbólico-formal – aquela destituída de qualquer significado que não o meramente formal –, estaria vindicado de uma vez por todas o uso de procedimentos puramente formais em matemática; eles encontrariam assim uma razão de ser, ainda que meramente instrumental. Mas, desde que não se pode fazer isso, que outro papel cabe à matemática formal?

Uma resposta interessante foi dada por Husserl. Como também vimos, para ele a matemática formal é o estudo *a priori* de domínios *possíveis* de objetos *exclusivamente* quanto à sua forma. Ou, como ele preferia chamá-la, uma *ontologia formal*. Isso a distingue, segundo Husserl, da matemática com conteúdo, isto é, as teorias de domínios determinados de objetos, como a geometria (o domínio das formas espaciais) ou a aritmética usual (o domínio dos números.) A ontologia formal considera apenas a ideia de um domínio de objetos no qual são definidas certas operações e relações completamente indeterminadas, a não ser por certas propriedades puramente formais (tais como a comutatividade de uma dada operação ou a reflexividade de uma dada relação). Assim fazendo, a ontologia formal está simplesmente estudando as formas possíveis de domínios quaisquer de objetos arbitrariamente considerados.

A possibilidade que a definição de ontologia formal alude está, evidentemente, na dependência da consistência do sistema formal em questão, pois a consistência é a pré-condição formal necessária (mas não suficiente) da existência. (Aquela, claro, não implica esta; entretanto, para o ponto de vista de Husserl, dado que para a matemática formal só *possibilidade* de existência importa, existir significa estar livre de contradições.) Mas como devemos desistir da veleidade de demonstrar a consistência de todo sistema formal, a existência (formal, que equivale à consistência do sistema que os descreve) dos objetos que ele estuda (exclusivamente do ponto de vista da forma) está sempre *sub judice*. Isso tem uma semelhança de família com a postura *estruturalista* em filosofia da matemática. Segundo eles, a matemática estuda simplesmente estruturas formais abstratas. A aritmética, por exemplo, não estuda os *números* 0, 1, 2 etc. e suas relações, mas a *estrutura* de qualquer sequência linear, discreta e infinita, onde há um primeiro elemento, mas não um último, todo elemento é imediatamente seguido por um outro singularmente determinado e está a uma distância finita do primeiro elemento. Os números são, para o estruturalista, apenas posições nessa sequência. Como vimos, Husserl já havia exposto um ponto de vista análogo, pelo menos com respeito à matemática formal.

Essas múltiplas respostas à questão da possibilidade de um conhecimento *a priori* que, não obstante, seja aplicável à realidade empírica, exemplarmente o conhecimento matemático – tal como é em geral considerado – só atestam a complexidade do problema. Não é de esperar, portanto, um acordo entre as partes litigantes nesse debate. Nem mesmo uma explicação uniforme para a totalidade do conhecimento matemático, uma vez que um mesmo filósofo pode oferecer diferentes respostas para diferentes aspectos da matemática.

À primeira vista isso parece indesejável, pois mostra que os filósofos da matemática são incapazes de chegar a um consenso sobre os problemas que estudam. Nós ingenuamente queremos uma única resposta, pois acreditamos que temos um único problema. Afinal, a matemática é uma só, ou não? Na verdade, tudo indica que não. A matemática, ao que parece, é uma ciência multifacetada. O que abre a possibilidade de que sejam oferecidas respostas distintas aos problemas filosóficos suscitados por diferentes ciências matemáticas (como fizeram Frege, Poincaré ou Hilbert).

Ademais há que considerar a função própria da filosofia da matemática. Como qualquer filosofia sua tarefa não é nos prover de teorias verdadeiras, mas de teorias *interessantes* (com uma ampla margem de interpretação para essa palavra), como disse no prólogo. A filosofia não é uma ciência e não lhe cabe uma noção científica de verdade. Os filósofos, contrariamente aos cientistas, não podem contar com uma noção "ingênua" de verdade, uma vez que é da sua competência, entre muitas outras tarefas, submeter tal noção à análise.

Os cientistas, porém, não costumam ser gentis com a filosofia, tratando-a com um misto de condescendência e desprezo velado. A seus olhos a filosofia é pouco mais que uma cacofonia de opiniões mais ou menos razoáveis, mais ou menos absurdas, sem nenhum critério objetivo de validade que permita escolher entre esse ou aquele ponto de vista. Esse preconceito se deve ao fato de que os cientistas atribuem à filosofia uma pretensão científica que ela não tem, nem pode ter. Se à ciência empírica cabe explicar e prever, sujeita sempre ao crivo da experiência, à filosofia cabe fornecer-nos conceitos e ideias, sistemas, teorias ou perspectivas, sujeitas sempre ao confronto com suas rivais, cuja função é antes descortinar questões interessantes, interpretações iluminadoras (ainda que não a rigor "verdadeiras"), *insights* ou caminhos promissores.

O intuicionismo, o logicismo e o formalismo, só para ficarmos com as três grandes correntes em filosofia da matemática, são certamente incompatíveis uns com os outros. Mas isso não quer dizer que se um deles é verdadeiro os outros são falsos. É possível que sejam todos verdadeiros – ou interessantes – sob certos aspectos, ou em parte. Certamente cada um deles nos abre uma perspectiva sobre a natureza da matemática. O intuicionismo nos mostra em que medida a matemática é, ou pode ser refeita como sendo, uma atividade construtiva, e, mais interessantemente, em que mediada *não* o pode. O logicismo nos mostra as profundas conexões entre a matemática e a lógica. E o formalismo esclarece a dimensão puramente simbólica e formal da matemática (já o teorema de Gödel mostra em que medida o formalismo é falso, uma vez que estabelece de uma vez por todas que a matemática como um todo, e mesmo algumas das suas teorias mais interessantes e fundamentais, não podem ser reduzidas a meros jogos combinatórios no interior de sistemas formais). Os três iluminam esta ou aquela dentre as múltiplas facetas da matemática, apesar de falharem como visões hegemônicas sobre a natureza da matemática. Ademais, cada um deles abre um campo de pesquisa em si mesmo interessante. O intuicionismo e as várias formas da matemática construtiva tornaram possível a criação da matemática computacional; o logicismo abriu caminho para a criação da lógica matemática contemporânea; o formalismo completou esse trabalho, inaugurando uma nova concepção de matemática (a matemática como a ciência dos sistemas formais) que mudou radicalmente a imagem que a matemática tinha de si própria. Ou seja, antes que explicações, essas filosofias foram programas de pesquisa. E talvez seja este o critério correto para se avaliar uma filosofia da matemática.

Não há, não pode haver, nem *deve* haver uma *correta* filosofia da matemática. Pelas razões expostas aqui, mas também porque a matemática muda. Ela não é o que era, nem será o que é. A matemática evolui por inércia própria, levada por seus problemas e pelas tentativas de resolvê-los, pelas suas crises e até pelos seus fracassos, mas também pelas necessidades da ciência e da técnica. A matemática também reflete a cultura em que é criada, e é tão variável quanto essa, além de mudar constantemente o modo como ela própria se vê, a sua autoimagem. Não há, portanto, uma essência imutável da matemática que competiria à filosofia revelar. Filosofamos sobre a matemática como alguém que entra num quarto escuro munido apenas com uma lanterna – só iluminamos partes isoladas, jamais o todo. Pior, pois no nosso caso o quarto ainda nem está terminado.

Bibliografia

APOSTLE, H. G. *Aristotle's philosophy of mathematics*. Chicago: University of Chicago Press, 1952.

BALAGUER, M. *Platonism and anti-platonism in mathematics*. Oxford: Oxford University Press, 1998.

BENACERRAF, P., PUTNAM, H. (Ed.) *Philosophy of mathematics*. 2.ed. Cambridge: Cambridge University Press, 1983.

BOURBAKI, N. The architecture of mathematics. *American mathematical monthly*, v.57, p.221-32, s. d.

CHIHARA, C. *Ontology and the vicious circle principle*. Ithaca: Cornell University Press, 1973.

COLYVAN, M. *The indispensability of mathematics*. Oxford: Oxford University Press, 2001.

DA SILVA, J. Husserl's Philosophy of mathematics. *Manuscrito*, v.16, n.2, p.121-48, 1993.

EGGERS LAN, C. *El nacimiento de la matemática en Grecia*. Buenos Aires: Eudeba, 1995.

FIELD, H. *Science without numbers*. Princeton: Princeton University Press, 1980.

FREGE, G. *The foundations of arithmetic*. 2.ed. New York: Harper, 1960.

FRIEDMAN, M. *Kant and the exact sciences*. Cambridge, Mass.: Harvard University Press, 1992.

HADAMARD, J. *The mathematician's mind*: the psychology of invention in the mathematical field. Princeton: Princeton University Press, 1996.

HERBRAND, J. On the consistency of arithmetic. In VAN HEIJENOORT, J. (1967), p.618-628, 1931.

HILBERT, D. e BERNAYS, P. *Grundlagen der Mathematik I*. Berlim: Spring-Verlag, 1934.

HILBERT, D. On the infinite (1925). In BENACERRAF E PUTNAM, 1983, p.183-201.

IVINS JR., William M. *Art and geometry: a study in space intuition.* New York: Dover, 1964.

KITCHER, P. *The nature of mathematical knowledge.* New York: Oxford University Press, 1983.

KLEIN, J. *Greek mathematical thought and the origin of Algebra.* Cambridge, Mass.: MIT Press, 1968.

LAKATOS, I. *Proofs and refutations.* Cambridge: Cambridge University Press, 1976.

LLOYD, G. E. R. *Early greek science*: Thales to Aristotle. New York: W. W. Norton & Company, 1973.

──────. *Greek science*: After Aristotle. New York: W. W. Norton & Company, 1973.

MADDY, P. *Realism in mathematics.* Oxford: Oxford University Press, 1990.

MANCOSU, P. *Philosophy of mathematics and mathematical practice in the seventeenth century.* Oxford: Oxford University Press, 1996.

POINCARE, H. *La science et la hypothèse.* Paris: Flammarion, 1903.

POLLARD, S. *Philosophical introduction to set theory.* Notre Dame: University of Notre Dame Press, 1990.

POTTER, M. *Reason's nearest kin: philosophies of arithmetic from Kant to Carnap.* New York: Oxford University Press, 2000.

REID, C. *Hilbert-Courant.* New York: Spring-Verlag, 1986.

RESNIK, M. *Mathematics as a science of patterns.* Oxford: Oxford University Press, 1997.

──────. *Frege and the philosophy of mathematics.* Ithaca: Cornell University Press, 1980.

ROSADO HADDOCK, G. Husserl's epistemology of mathematics and the foundations of platonism in mathematics. *Husserl's studies*, v.4, n.2, p.81-102, 1987.

_____. *A critical introduction to the philosophy of Gottlob Frege.* Aldershot: Ashgate, 2006.

RUSSELL, B. *The principles of mathematics.* 2.ed. New York: W. W. Norton & Co., 1964.

SHAPIRO, S. *Philosophy of mathematics*: structure and ontology. Oxford: Oxford University Press, 1997.

_____. *Thinking about mathematics*: the philosophy of mathematics. New York: Oxford University Press, 2000.

SIEG, W. Hilbert's program sixty years later. *The Journal of Symbolic Logic*, v.53, n.2, p.338-348, 1988.

STEINER, M. *The applicability of mathematics as a philosophical problem.* Cambridge, Mass.: Harvard University Press, 1997.

TAIT, W. Finitism. *Journal of Philosophy*, v. 78, p.524-556, 1981.

THUILLIER, P. *De Arquimedes a Einstein: a face oculta da invenção científica.* Rio de Janeiro: Zahar, 1994.

TILES, M. *Mathematics and the image of reason.* London: Routledge, 1991.

_____. *The philosophy of set theory*: an historical introduction to Cantor's paradise. Oxford: Basil Blackwell, 1989. (Mineola, NY: Dover, 2004).

VAN HEIJENOORT, J. (ed.) *From Frege to Gödel: a source book in Mathematical Logic, 1879-1931.* Cambridge, MA: Harvard University Press, 1967.

WEDBERG, A. *Plato's philosophy of mathematics.* Estocolmo: Almqvist & Wiksell, 1955.

ZELLINI, P. *La ribellione del numero.* Milão: Adelphi, 1985.

_____. *A brief history of infinity.* Londres: Penguin, 2005 (Tradução de *Breve storia dell'infinito*, Adelphi, Milão 1980).

SOBRE O LIVRO

Formato: 14 x 21 cm
Mancha: 23,7 x 42,5 paicas
Tipologia: Horley Old Style 10,5/14
Papel: Offset 75 g/m² (miolo)
Cartão Supremo 250 g/m² (capa)
1ª edição: 2007
2ª reimpressão: 2011

EQUIPE DE REALIZAÇÃO

Coordenação Geral
Marcos Keith Takahashi

Revisão
Mariana Vitale

Assistência Editorial
Olivia Frade Zambone

Impressão e acabamento